JN038595

やさしくわかる

シーケンス制御

南 裕樹・石川 一平 共著

トレンド・プロ マンガ制作

マンガで手ほどき！
問題でマスター！

Ohmsha

まえがき

　AI・IoT 時代が到来し，身のまわりのさまざまなモノの知能化が進んでいます．知能化と聞くと，ディープラーニングという言葉が思い浮かぶかもしれません．もちろん，そのような機械学習の技術を利用し，現実世界の種々の情報をコンピュータで処理して，私たちに有益な情報を抽出することは知能化の１つです．その一方，人工物の知能化では，自動車の自動運転のように，現実世界のモノを賢く動かすことも重要です．これからの時代，そのような「物理的に」現実世界に影響を与える「モノの動きをデザインする」技術は，現場のエンジニアだけでなく，もっと広い範囲の人たちにも必要になるでしょう．

　モノの動きをデザインする技術の１つが「シーケンス制御」です．これは，すでに私たちの生活にとけ込んでいて，あたりまえのように使われています．たとえば，洗濯機や炊飯器，エアコンなどの家電からエレベータ，信号機，自動車，さらには生産ラインなど，さまざまな場所で活用されています．

　シーケンス制御は，現場のエンジニアがとてもよく利用している技術ですが，大学や高専できちんと勉強したことがある人は少ないかもしれません．とはいえ，論理回路の一種のようなものですので，ちょっと勉強すればなんとかなるように思えます．しかし，実際に使ってみようとすると，どのように制御をすればよいかがわからなくなることが多々あります．その難しさは，さまざまな機器のしくみを知らないといけないこと，不具合が生じない制御のしくみを電気回路（シーケンス回路）として実装しないといけないこと，などに由来していると思われます．

　著者の１人は，フィードバック制御の専門家です．フィードバック制御を使ってモノを制御することは得意ですので，シーケンス制御も同じようにできるだろうと思っていました．しかし，書籍で勉強すると，新たに覚えなければならないことがたくさんあり，また，文化がかなり異なることに驚きました．さらに，書籍で知識を身につけた後，実際にシーケンス制御の実習を体験しましたが，なかなか思いどおりにできず，一朝一夕に習得できる技術ではないことを身をもって実感しました．

　シーケンス制御を習得するには，まず，スイッチやリレーといったさまざまな機器のしくみを知る必要がありますし，それらを用いて制御回路をつくるためには，回路の設計図を作成する方法を習得しなければなりません．最近では，PLC

というコンピュータを用いたシーケンス制御が主流になっていますので，それについても勉強する必要があります．とくに，シーケンス回路の設計では，ある機能を実現すればよいというものではなく，誰が見ても理解できる簡潔な回路や，予期せぬ動作が生じない回路を考えなくてはいけません．そういった実践的なスキルを磨くには，本を読むだけでは不十分で，実際に手を動かして，シーケンス回路（PLC ではラダープログラム）をつくる訓練が必要です．

　そこで，上記のような課題とニーズに応えることを目指し，シーケンス制御の基礎を例題や練習問題を通して学ぶことができる書籍を執筆することにしました．シーケンス制御は，とにかく実践することが大切ですので，ドリル的な要素を重視しました．シーケンス制御では，「この機能はこの回路」といった定石がありますが，それを丸暗記するのではなく，「この場合はこのように考える」ということを意識しながら勉強していただければと思います．

　また，本書は，硬い教科書にならないように，マンガで学ぶという要素も加えました．マンガ部分は各章の導入や補足となっています．通勤通学の途中などにマンガの部分を読んで概要をつかんでいただいて，机に座って，腰を入れて解説や練習問題の部分でシーケンス制御の基礎を学んでいただければ幸いです．

　なお，本書のサポートページは，

https://y373.sakura.ne.jp/minami/sqcont

にあります．ここには，本書の補足内容などを公開する予定です．

　本書をまとめるにあたり，さまざまな方にお世話になりました．まず，本書の内容に関して有益なコメントを頂戴したオムロン株式会社の桑　俊司様，シムックスコンサルティング株式会社の中島高英様に深く感謝いたします．それから，大阪大学の石川将人先生や研究室の北岡知大君，中　亮介君，荻尾優吾君をはじめ，学生の皆さんに原稿をチェックしていただきました．ありがとうございます．最後に，執筆する筆者らをあたたかく見守ってくれた家族に感謝します．

2020 年 5 月

南　裕樹，石川　一平

目　次

電子部品メーカー
オモロン

こんにちは！

お待たせしました

インターンに来た
川平みきです！

川平みき（17）

君がみきちゃんだね
僕が担当の志位です
よろしく！

それにしても—

よくウチのプログラム
見つけたね

いや〜
シーケンス制御に
興味をもつ
女子高生って
レアだよ〜

志位ケン（25）

だって私…

？

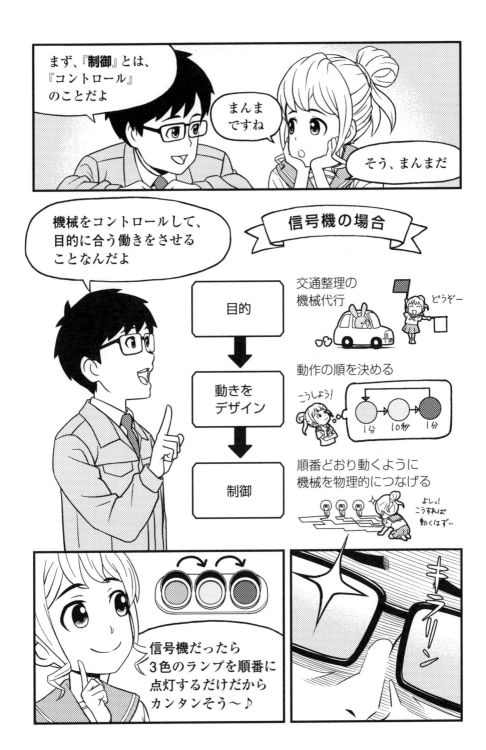

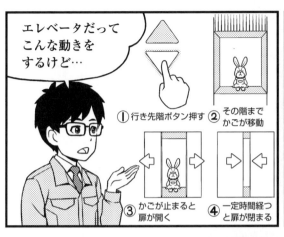

エレベータだって
こんな動きを
するけど…

① 行き先階ボタン押す　② その階まで
　　　　　　　　　　　　　かごが移動

③ かごが止まると　④ 一定時間経つ
　　扉が開く　　　　　と扉が閉まる

誤動作して
閉じ込められたり
したら大変だよね

そうですね

このように

ボタンが押されたらとか
一定時間経過したらという
「命令や条件」にしたがって

各種動作の「順番」が
入れ替わらないように
順序よく確実に実行
するのが

シーケンス制御
なんだ

安全じゃない機械を
使ったことないから
考えたことなかった

だろうね！
なにせ
世に出す前に僕らが
エラーを潰すからね！

カッコいい…

制御で、社会に
快適さと安全を！

はいっ！

それで、うさぴょんは
どう動かしたいのかな？

それは…

ヒミツです…

ううっ…
健気だなあ…

第 1 章

自動制御の基礎

シーケンス制御の特徴を理解しよう！

では早速『シーケンス制御』
について解説しよう！

さっきも言ったけど、
シーケンス制御は
機械の状態を決まった
「順番」で「自動的」に
変えていく制御のことだよ

JIS規格では…
『あらかじめ定められた順序
または手続きにしたがって
制御の各段階を逐次進めていく制御』
と定めている

たとえば、これは
シーケンス制御みたいなもの

江戸時代の
お人形？

ゼンマイを
巻いて…

人形の手に
お茶を置くと…

カタ

カタ
カタ
カタ

相手のところまで
お茶を運ぶんだ

プログラミングは
そこに存在しない

ありがと…

じゃあ
ピ○ゴラスイッチも
シーケンス制御ですね！

そうだね

玉が電気って
とこかな

それで、実際には
どんなものに
シーケンス制御が
使われている
んですか？

家電はシーケンス制御が
多いよ、工場のラインも
多いかな

注水
洗濯
排水
脱水

弱火
強火
弱火
ブザー

開く
点く

ああ、確かに
順番に機械が動いていますね

3

エアコンは？

これも制御されていますよね

ON

OFF

エアコンもボタンを押すとONになりタイマでOFFになるといったところはシーケンス制御だね

でも、温度の制御は『フィードバック制御』という別の制御なんだ

フィードバック制御

ふーんそんなのもあるんだ

混在した機器は多いよ

うん。結果をみて次の動作を決定する制御だよ

冷房だと、設定した温度より低くなったら機械を止めたりする

自動制御

シーケンス制御

フィードバック制御

なるほど〜

弱 → 強 → 弱

順番

冷やす ⇄ センサ → 止める

フィードバック

シーケンス制御の基礎を学ぶ前に,「そもそも制御とは何か?」や,シーケンス制御の位置付けなどについて理解しておきましょう.

その後,シーケンス制御の例やシーケンス制御装置の構成について押さえます.

1.1 制御とは?

私たち人類は,さまざまな人工物を生み出し,それらを使って快適な生活を送っています.皆さんのまわりにも炊飯器,冷蔵庫,エアコンといった家電製品から,自動車や電車,飛行機といった乗り物,道路交通システムや電力システムといったインフラ,さらにはロケットや人工衛星まで,多種多様な人工物があふれていると思います.

そして,私たちは,さまざまな人工物をあたりまえのように安心して使っています.そのため,もし予期しない動作が生じると,とても不快に感じたり,あるいは危険を感じたりするでしょう.たとえば,「冷蔵庫やエアコンが設定した温度にならなかったら?」「エレベータが目的の階で停止しなかったら?」「信号機がランダムに青・赤を切り替えてしまったら?」という状況を考えてみてください.もはや安心してそれらを使うことはできないでしょうし,何も信頼できなくなるでしょう.

人工物を安心・安全・快適に使うことができるようにするためには,「制御」という考え方が不可欠です.**制御**の定義は,「対象物の状態が何らかの目標とする状態になるように,その対象物に操作を加える行為」です.簡単にいうと,対象としているものを思いどおりに操ることです.たとえば,次ページの**図1.1**のようなオーディオで音楽を聴くという状況を考えたとき,対象物が「オーディオ」,注目している状態が「音の大きさ(音量)」,目標が「聴きやすい(聴き心地の良い)音量」となります.このとき,音の大きさは人が判断し,大きすぎる場合にはボリュームをしぼって音を小さくし,小さすぎる場合には音を大きくします.この行為が制御です.

次に,**図1.2**のようなエアコンによる温度制御の例を考えてみましょう.この場合,注目している対象物が「エアコン」,注目している状態が「部屋の温度」,目標が「リモコンで設定した部屋の温度」となります.そして,実際の部屋の温度が目標の温度になるように,エアコンの風量や温度を上げたり下げたりしま

図1.1 オーディオの音量制御（手動制御の例）

図1.2 エアコンの温度制御（自動制御の例）

す．これが制御です．

　上記のオーディオの例は，人間がボリュームを操作して音の大きさを制御していました．このように，人間が直接的または間接的に対象物を操作する制御のことを**手動制御**といいます．一方，エアコンのように，内蔵されているコンピュータを用いて制御することを**自動制御**といいます．なお，コンピュータを用いた電気的な制御だけでなく，歯車やばね，カム，ゼンマイなどを用いた機械的なものもあります．たとえば，古いものであれば，茶運び人形や弓曳童子などのからくり人形，西洋の文字や絵を描くオートマタが有名です．

　さて，「思いどおりに操る＝制御する」ためにはどうすればよいかを考えるのが制御を専門とするエンジニア，いわば制御屋さんのお仕事です．「対象物の動きをこのようにしたい」，という人間の意図を設計仕様として書き表し，その仕様を満足するような制御器・制御回路を設計します．このような制御屋さんの仕

事を整理してまとめたものが**制御工学**ということになります．制御工学は，上記のように，人間の意図が出発点ですし，終着点での制御器の設計・実装はさまざまな制約（たとえば，省スペースにするとか，省メモリにするなど）のもとで行わないといけませんので，自然の現象を扱う物理学などとは雰囲気が異なります．そのため，原理や原則ばかりでなく，状況に合わせて制御系を設計するための考え方やノウハウを身につける必要があります．

また，制御工学は進化し続けており，複雑な仕様を満足するために制御器・制御回路も日々，高度化していますので，覚えることも多くなっています．

しかし，複雑であったとしても，基礎となる考え方は変わりませんので，まずは本書を通して，基礎を学びましょう．

1.2　シーケンス制御とフィードバック制御

自動制御は，「シーケンス制御」と「フィードバック制御」に大別できます．

(1) シーケンス制御

シーケンス（sequence）は，順序，順番といった意味がある英語です．そして，**シーケンス制御**は，JIS規格では「あらかじめ定められた順序又は手続きに従って制御の各段階を逐次進めていく制御」と定義されています．具体的にいうと，シーケンス制御とは，**図1.3**に示すように，複数の動作を「命令や条件」をもと

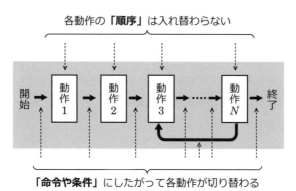

図1.3 シーケンス制御

9

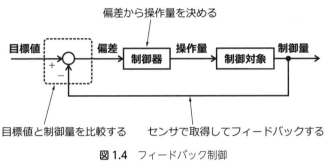

図 1.4　フィードバック制御

に切り替え，そして，各動作の「順序」をあらかじめ決められているとおりに実行するものです．

　ここで，動作を切り替える命令や条件を決めるときには，スイッチなどの外部機器の信号を利用したり，ある動作の終了，時間の経過，センサ信号などを判断基準にしたりします．たとえば，スイッチが押されたら動作 1 を実行し，動作 1 が終了した後，5 分経ったら動作 2 を実行，さらにセンサが反応したら動作 3 を実行するという具合です．

(2) フィードバック制御

　フィードバック制御は，結果をみて次の動作を決定する手法です．JIS 規格では，「フィードバックによって制御量を目標値と比較し，それらを一致させるように操作量を生成する制御」となっています．フィードバック制御の信号の流れを図に表したものが**図 1.4** です．これは，**ブロック線図**と呼ばれるもので，四角の枠が構成要素，矢印が信号，そして，矢印の向きが信号の流れの方向を表しています．ここで，**制御量**は対象物の注目している状態（出力）のことで，**操作量**は対象物に加える入力のことです．したがって，対象としている状態が現在どうなっているかをセンサなどで把握し，その情報をフィードバックし，それと目標値をもとに，対象物への操作を制御器で決定していくものがフィードバック制御となります．制御器としては，PID 制御や状態フィードバック制御がよく用いられます．

(3) エレベータの例

　図 1.5 のようなエレベータの動作を考えてみましょう．エレベータは，あたり

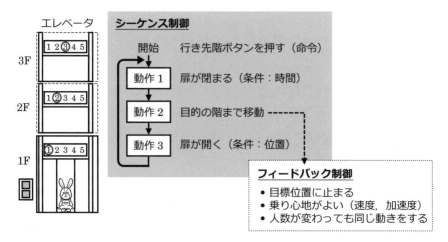

図 1.5 エレベータの制御

まえですが，行き先階ボタン（押しボタンスイッチ）を押すと，ボタンに対応する階でかごが止まります．かごが上昇する状況で，複数のボタンが押された場合には，若い番号順に止まります．下降する場合には，大きい番号順に停止します．また，扉は，かごが停止しているときに開き，一定時間開いた後に閉まります．このようにエレベータはあらかじめ決められた動作を順番に実行していきます．これが**シーケンス制御**です．

　さらに，エレベータのかごの上昇／下降や扉の開／閉自体にも制御が必要です．できるだけすばやく動き，かつ決められた階でピタリと止まるという位置の制御に加えて，乗り心地という観点から速度や加速度の制御が必要になります．また，かごに乗る人の数が変動してもかごの動き方が変わらないようにもしなければなりません．これらを実現するには**フィードバック制御**が欠かせません．センサで現在の状態，たとえばどの位置にいるかなどを観測し，それが目標の状態になるようにモータを回す，これがフィードバック制御です．

（4）動的制御と静的制御

　上記のように，自動制御の方法として，シーケンス制御とフィードバック制御がありますが，それらには違いがあります．ここでは，もう少し踏み込んで，**図 1.6** を用いて，2 つの視点からそれらの違いを説明してみます．

　まず 1 つめは，注目する対象物の特性の違いです．**フィードバック制御**では，

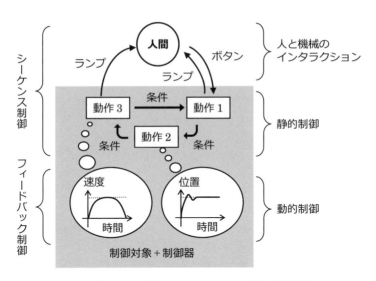

図 1.6 シーケンス制御とフィードバック制御の役割の違い

対象物の動特性に注目し，その「動特性を時間的に変化する操作で変える」ことを目標にします．たとえば，エレベータのかごの位置決め制御では，動特性を表すかごの運動方程式を参考にして，できるだけすばやく動かすことや振動を小さくすることを実現します．このとき，かごの動きは，現在の操作（かごを動かすモータの電圧）だけでは決まらず，過去にどのように操作したかにも影響します．このような，入力を時間的に変化させる制御を**動的制御**と呼びます．

　これに対して，**シーケンス制御**では，「対象物の複数の動作を条件によって切り替える」ことを目標にします．そのため，たとえば，開くボタンを押すとエレベータの扉が開く，閉まるボタンを押すと扉が閉まる，といったように「ボタンを押す」という現在の入力で「扉が開く／閉まる」という結果が得られるという部分に注目します．そして，扉が閉まる → 開く → 開く（一定時間）→ 閉まる → 開く，というような「状態の遷移」を設計します．このことから，シーケンス制御は**静的制御**とも呼ばれています．

　つまり，フィードバック制御で対象物の各種動作をデザインし，そして，シーケンス制御によって各動作の開始や終了，そして各動作の順序を決めていくというイメージになります．

(5) 人と機械のインタラクション

　2つめは，人と機械のつながりです．人と機械がつながることによってお互いに影響をおよぼし合えるようになります．これを**インタラクション**といいます．自動制御は人ではなくコンピュータで対象物を制御することですが，上記のエレベータの例のように，ボタンを押すなどの外部からの指令は人間が行いますし，表示ランプで現在の階や行先階の情報を人間が把握します．

　フィードバック制御は対象物のふるまいを自動的に制御するものですので，「対象物の特性のみに注目してコントローラを設計」します．その一方，**シーケンス制御**では，ボタンを押すとランプがつく，といった機能の実現までを目的にしますので，「人間の行動にかかわる部分を考慮してコントローラを設計」します．もちろんフィードバック制御でも，人間が目標値を変えたり，コントローラを切り替えたりすることはありますが，それは，シーケンス制御の役割と考えることができます（ダイヤルを回して，目標値やコントローラを切り替えるというように実装できます）．

1.3　シーケンス制御の例

　シーケンス制御の基本は，「各種動作の開始や終了の条件」，そして「各種動作の順序」を決めて実行することです．

　1つ前の1.2節で説明したエレベータの動作は基本的なシーケンス制御でした．さらに，ここではエレベータの別の機能を考えてみます．エレベータでは，行き先階ボタン（押しボタンスイッチ）を押すと，行き先階のランプが点灯し，エレベータが動きますが，押しボタンスイッチを押し続けなくても，ランプの点灯とエレベータの動きが保持されます．一方，扉の開／閉ボタンは押している間だけ機能し，押し続けなければランプの点灯と扉の動作は保持されません．

　このように，押しボタンスイッチを押しっぱなしにして動作させるか，あるいは押しボタンスイッチを離しても動作が保持されるかは，設計者が決めることになります．また，行き先階のキャンセルもできる機種がありますが，このような機種では押しボタンスイッチを2回連続ですばやく押すとランプが点滅し，その点滅中にもう一度押しボタンスイッチを押すと行き先階がキャンセルされます．この「2回連続でボタンが押された」ことを検出したり，ランプを点滅させ

たりするのも，シーケンス制御の一部となります．

　また，かごが動いている間は，開／閉ボタンを押しても反応しません．さらに，定員オーバーになるとブザーが鳴る，扉に物がはさまったら扉が開く，地震のときは最寄りの階でかごを停止させるといった，緊急時のための機能もあります．このように，エレベータ 1 つ例にとってみても，さまざまな機能をシーケンス制御で実現しています．

　別の例として，道路に設置されている一般的な信号機を考えてみます．信号機の場合，表示装置はランプ（LED），命令装置は押しボタンスイッチです．信号機の基本的な動作は，赤色，青色，黄色のランプを，設定した時間で，順番に点灯させるものです．まず，青ランプを一定時間点灯させ，その後，青ランプを消灯し黄ランプを点灯します，そして，黄ランプを消灯し赤ランプを点灯させます．さらに，一定時間，赤ランプが点灯した後は，青ランプが点灯する初期状態に戻ります．

　押しボタン式の場合，黄ランプを点滅させておきます．そして，押しボタンスイッチを押すと青ランプが点灯し，その後，黄色，赤色の順にランプが点灯します．

　感応式の場合は，超音波センサで車両の有無を検出し，その後は押しボタン式と同様の動きをします．

　この例の場合，ランプを順番に点灯させる部分，ランプを点滅させる部分，スイッチやセンサで変化を検出して動作を変える部分をシーケンス制御で実現しています．

1.4　シーケンス制御装置の構成

　それでは，シーケンス制御をどうやって実現するかを考えてみましょう．シーケンス制御を実現する際に，必要になる部品はなんでしょうか．答えをいってしまうと，制御対象を含めたシーケンス制御装置の全体図が**図 1.7** です．

　シーケンス制御では，基本的に機械による制御を考えています．そのため，機械を動かすアクチュエータ（モータやシリンダ）や，機械の状態と外部環境の変化を検出するセンサが構成要素となります．そして，センサ情報からアクチュエータの動かし方を決める制御回路が必要です．

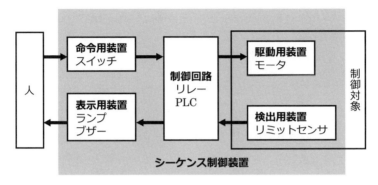

図 1.7 シーケンス制御装置の構成

　さらにそれらに加えて，シーケンス制御は，人と機械のつながり（＝インタラクション）が発生する部分で用いられるため，人が機械に指令を与える押しボタンスイッチなどの入力装置や，人に状況を伝えるランプやブザーといった表示装置も構成要素となります．

　上記の構成要素を制御回路を中心として分類してみます．制御回路へ外部信号を入力する入力装置は，人が操作する押しボタンスイッチなどの命令用装置と，機械の状態や外部環境の変化を検出するセンサなどの検出用装置です．そして，制御回路からの信号を外部に出力する出力装置は，機械を動かすアクチュエータである駆動用装置と，人に状況を伝える表示用装置です．

　ここで，制御回路は，ハード的あるいはソフト的なスイッチが基本となっていて，スイッチを組み合わせて切り替えることで，シーケンス制御を実現します．スイッチには，リレーと PLC（Programmable Logic Controller）があります．そして，リレーを用いたシーケンス制御を**リレーシーケンス制御**，PLC を用いたものを **PLC シーケンス制御**と呼びます．

　リレーシーケンス制御では，電磁石を用いてスイッチ（接点）の切り換えを行う**リレー**を用います．リレーには，「小規模であれば安価に構築できる」「テスターさえあれば保守ができる」といった利点がある一方で，「有接点（機械的にくっついたり離れたりする）のため開閉回数の寿命がある」「複雑な動作の実現や動作の変更が困難」という欠点があります．なお，半導体を用いた無接点のシーケンス制御もあります．その場合は，無接点ですので接点の寿命はないですが，有接点シーケンスと同様に，回路の変更は容易にはできません．

　対して，PLC シーケンス制御で用いる **PLC** は，リレーやタイマなどの部品が

多数用意されたマイコン（小さなコンピュータ）のようなもので，外部からプログラムを書き込んで，各部品の接続や動作のしかたを決めます．PLC シーケンスの利点は，「無接点のため接点の寿命はない」「多くの入出力装置の接続が可能で，大規模な回路や複雑な動作を実現しやすい」「回路の小型化が可能」といったことがあげられます．一方，欠点は，リレー回路と比較して，「ノイズによる誤動作が発生しやすい」ことや「PLC のシステムソフトウェアのバグの可能性がある」こと，「回路の実装やメンテナンスに PLC メーカーによって異なる専用ツールが必要になる」ことなどです．

　さらに，リレーシーケンスと PLC シーケンスでは動作が少し異なります．リレーシーケンス制御回路は電気回路ですので，各機器は同時に作動します．たとえば，スイッチを押してリレーを ON にし，そのリレーの ON を受けて，別の回路のランプを消灯するという連鎖回路があったとき，スイッチ側の回路とランプ側の回路は同時に作動しています．どちらが先に動き始めるということはありません．そのため，スイッチを押さないときランプはいつも点灯していて，スイッチを押せばランプが消灯します．一方，PLC では，コンピュータ内のプログラムが上から下に 1 行ずつ実行されていきます．そのため，上記の 2 つの回路を最初にスイッチ側，次にランプ側の順にプログラムとして実装したとき，スイッチ側の ON とランプ側の ON の判定にズレが生じます．つまり，PLC だと複雑な回路を実装する際に，プログラム内の動作の順序を入れ替えると結果が異なる可能性があるということですので，注意が必要です．

1.5　この本の内容

　この次の第 2 章では，入力装置や出力装置など，シーケンス制御で用いる基本部品を紹介します．また，シーケンス制御の設計図を書くために必要な，さまざまな機器を紙の上で表現するための記号を説明します．第 3 章では，シーケンス制御を学ぶうえで最も重要なリレーシーケンス制御方式に注目し，シーケンス図やタイムチャートの書き方を学びます．また，機器の動作を考えるうえで重要となる論理回路の基礎にも触れます．

　そして，第 4 章では，シーケンス制御の基本回路として，自己保持回路や優先回路などについて学びます．

　最近は PLC シーケンスが主流になっています．そこで，第 5 章では，PLC シーケンス制御に必要なラダープログラムを勉強します．ラダープログラムはリレーシーケンスがもとになっているため，シーケンス図のように図的に記述できて，直感的でわかりやすいプログラム言語です．

　最後に本書を読み進めるうえでの注意点を示しておきます．

　本書はシーケンス制御の入門書として，基礎的な内容をできるだけ解説するようにしましたが，解説していない内容も多々あります．たとえば，モータの制御回路については省略していますし，シーケンス回路の設計で重要となる論理回路（論理式や状態遷移図）については深入りしていません．適宜，他の書籍を併用しながら勉強してください．また，本書で用いるシーケンス図の記号は JIS 規格に合わせていますが，一部大きさを変更して記載しています．

　また，本書には，多数の手応えのある章末問題を記載しています．ぜひ自分で解いてみてください．シーケンス制御の基礎は比較的簡単ですので，本文を読み進めることはさくさくとできると思いますが，いざ実際にシーケンス制御回路を自分でつくるとなると意外と難しく，つまずいてしまうでしょう．筋トレと同じように，時間をかけて，頭と手をしっかり動かして，基礎を定着させることが大切です．

　さらに，シーケンス制御では，基本的な回路を組み合わせて応用回路をつくります．そのとき，答えが 1 つとは限らないことに注意してください．たとえば，何らかの機能を実現する際，注目している機能を実現するだけでなく，予期しない動作が生じないようなバグのない回路やプログラムを作成する必要があります．また，誰が見ても理解できる回路やプログラムを作成したり，保守が容易になるものを作成したりすることも求められます．

　こういったことに対応できるようになるためには，経験が必要だと思いますが，本書を読み進めるときに，答えを丸暗記するのではなく，「どのように考えるのか」という部分を大事にするのがよいでしょう．

━━━━ 章末問題 ━━━━

問 1.1　シーケンス制御とフィードバック制御の違いを説明しなさい.

問 1.2　自動販売機の動作を説明しなさい.

問 1.3　シーケンス制御装置の信号の流れを「制御回路」「命令用装置」「表示用装置」「駆動用装置」「検出用装置」の用語を用いて説明しなさい.

問 1.4　リレーを用いたシーケンス制御と, PLC を用いたシーケンス制御の, 利点・欠点を説明しなさい.

Memo

オー！

第2章

制御に用いる機器

制御に用いる機器
の特徴を知り，
利用できるように
なろう！

部品は用途に応じて大きく４つに分けられるよ

命令用装置

命令用装置は、人が機械に司令を与えるもの

主にスイッチだ

駆動用装置

駆動用装置は、実際に機械を動かすところだ

だいたいモータが多いね

検出用装置

検出用装置は、機械の状態を確認するもの

ほぼセンサだね

表示用装置

そして表示用装置は、機械の状況を人に知らせるもの

ランプとかブザーだよ

充電が完了したらランプが消えるとか赤が緑に変わるとかいろいろあるでしょ

赤 緑

あるある！

その他制御に必要なものとして「リレー」「タイマ」「カウンタ」などがあるんだ

4649

志位先生の「スイッチいろいろ♪」

押したらONに
なり続ける
（保持）

ON　ONのまま

押している
間だけ
ONになる
（復帰）

ON　OFF

切り替え
スイッチ

ON　OFF

ダイヤルスイッチ

これらは外から見えるスイッチだけど—

シーケンス制御のキモは
電気的なスイッチ
『リレー』なんだ！

リ、リレー？

そう！ 電気のバトンを
受け取って

奥の
スイッチを
ON/OFF
するんだよ

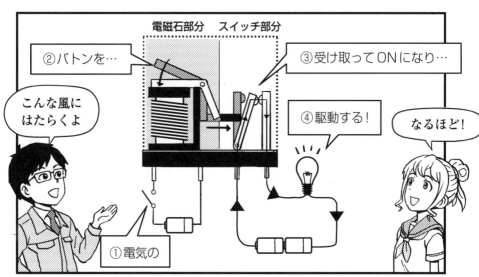

電磁石部分　スイッチ部分

②バトンを…

③受け取ってONになり…

こんな風に
はたらくよ

④駆動する！

なるほど！

①電気の

リレーを制する者
シーケンス制御を制す…

リレーはそのくらい
便利なものなんだ！

……

これらの
命令用装置・駆動用装置
検出用装置・表示用装置の
特徴を理解して

順に動くように
描くものを
「シーケンス図」
というんだ

図の描き方は
今度教えるので

まずは―

それぞれの装置と
記号を覚えよう！

はーい

シーケンス制御を実現するためには，制御に用いるさまざまな機器とその機能を理解しておく必要があります．本章では，
・駆動用装置：機械を動かすためのアクチュエータ
・命令用装置：人が機械に指令を与える押しボタンスイッチなど
・検出用装置：機械の状態や外部環境の変化を検出するセンサ
・表示用装置：人に機械の状況を伝えるランプやブザー
に加えて，制御回路を実現する際に使用するリレー，タイマ，カウンタについて解説します．

2.1 駆動用装置

シーケンス制御において，制御するべき対象となるものには，モータ，ソレノイド，電磁弁，シリンダなどがあります．これらは，機械を動かす装置でもあり，**アクチュエータ**とも呼ばれます．

(1) モータ

一般的に，磁界中で導体に電流を流して発生する力を利用し，回転運動として出力するものを**モータ**と呼びます．**図2.1**にモータの外観図，**図2.2**にモータの図記号を示します．モータには**直流**（Direct Current：**DC**）モータと**交流**（Alternating Current：**AC**）モータがあり，工場のコンベアや，エレベータ，洗濯機，エアコン内のファン，自動ドアなど多岐にわたって利用されています．

DCモータは電流の流れる向きを変えると回転方向が変わります．それでは，DCモータの回転方向の制御について説明します．**図2.3**のように，モータに4つのスイッチを取り付けて制御を行う方法がよく利用されていますが，これはHの形にスイッチを配置するので，**Hブリッジ**と呼ばれています．図2.3 (a)のように，すべてのスイッチが開いているならモータは停止しています．次に，

図2.1 モータの外観図

図2.2 モータの図記号

図 2.3 (b) のように，SW1 と SW4 のスイッチを閉じれば，図のようにモータに対して左から右に電流が流れて，モータが正回転します．一方，図 2.3 (c) のように，SW2 と SW3 を閉じれば，電流の向きが逆となり，モータは逆回転することになります．

　なお，図 2.3 では，手動式のスイッチを用いていますが，実際のほとんどのモータの回転方向制御ではトランジスタといった半導体を用いたスイッチを使用します．この制御回路全体をモータドライバと呼びます．市販されているモータドライバには，この H ブリッジ回路が実装されています．

　続いて，単相 AC モータの回転方向の制御について説明します．単相 AC モータは，コンデンサ C を用いて，位相（交流波形のタイミング）をずらし，回転磁界を発生させることで，回転します．図 2.4 のように，コンデンサに接続する向きをスイッチ（SW）で切り換えることで，回転方向を制御することができます．AC モータには，身近な電線を流れている単相交流以外にも，三相交流（位相が 120°ずつずれた 3 つの波形）を使うものもあります．

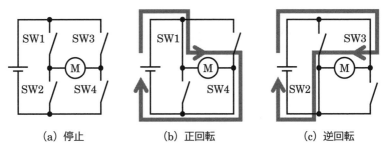

(a) 停止　　　　　　(b) 正回転　　　　　　(c) 逆回転

図 2.3　DC モータの回転方向制御

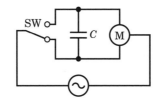

図 2.4　単相 AC モータの回転方向制御

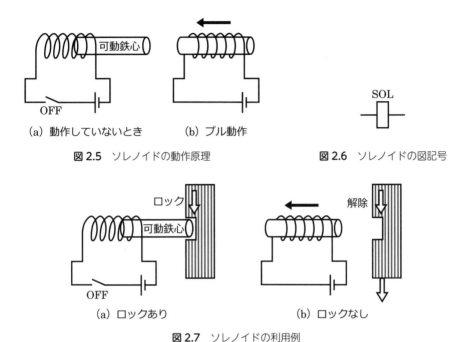

（a）動作していないとき 　 （b）プル動作

図 2.5 ソレノイドの動作原理 　 　 **図 2.6** 　ソレノイドの図記号

（a）ロックあり 　 　 　 （b）ロックなし

図 2.7 　ソレノイドの利用例

（2）ソレノイド

ソレノイドとは，コイル（針金などをらせん状に巻いたもの）に電流を流すことにより発生する磁力を利用し，可動する鉄心を直線運動させる機器です．**図 2.5** にソレノイドの動作原理，**図 2.6** にソレノイドの図記号を示します．コイルに電圧を印加する（与える）ことで，鉄心を押す（プッシュ）動作と，引く（プル）動作を行うことができます．

　図 2.7 に，ソレノイドの利用例を示します．たとえば，自動ドアの開閉防止ロックとして利用できます．鉄心が可動式になっており，コイルに電圧を印加すると鉄心が可動します．電圧を印加していない状態では鉄心がでっぱっていますので，それを利用して図 2.7（a）のようにドアをロックし，コイルに電圧を印加して鉄心を動かすことで図 2.7（b）のようにロックを解除します．

　そのほかにも，ソレノイドは，流体（油，空気，水など）を通す管の流れの開閉制御用としても利用でき，洗濯機，ガス，水洗便所などで用いられています．なお，流体の流れを制御する弁（バルブ）として利用する機器は，特に**電磁弁**もしくは，**ソレノイドバルブ**と呼ばれています．

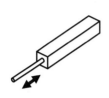

図 2.8　シリンダの
　　　　外観図

図 2.9　シリンダの
　　　　図記号

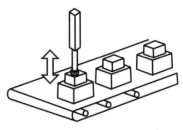

図 2.10　シリンダの利用例

(3) シリンダ

　シリンダとは，英語で「円筒」を意味する単語のことですが，自動制御では，流体等によって作用するピストンをもっている装置のことを指します．

　図 2.8 にシリンダの外観図，**図 2.9** にシリンダの図記号を示します．

　シリンダは工場の生産ラインなどでよく使用されています．たとえば，**図 2.10** のように，製品を組み立てたり，製品の試験をしたりするときに，部品やセンサの位置をシリンダの往復運動で制御します．なお，シリンダを圧縮空気で可動させるとき，圧縮空気の弁の開／閉には，ソレノイドバルブが利用されます．

2.2　命令用装置（命令スイッチ）

　シーケンス制御における命令用装置は，スイッチです．**スイッチ**は，ある状態から別の状態に切り換える装置です．

　私たちの身のまわりにも，リモコン，照明器具，インターフォン，カメラ，ゲーム機などで，さまざまなスイッチが使われています．また，**スイッチ**は電気回路の接点を開／閉し，電流の ON／OFF を切り換えます．したがって，接点を閉じる（接触させる）ことを ON，接点を開く（離す）ことを OFF と呼びます．

　また，スイッチの動作には，**モーメンタリ動作**（復帰型）と**オルタネート動作**（保持型）の2つの動作様式があります．**図 2.11** のように，モーメンタリ動作は押しているときだけ ON となり，離せば OFF に戻ります．たとえばクレーンゲーム機のアーム移動ボタンなどに使われています．

　一方，**図 2.12** のように，オルタネート動作は押して離した後も ON 状態が保

図 2.11 モーメンタリ動作

図 2.12 オルタネート動作

持され，もう一度押すと OFF になります．たとえば照明器具のスイッチなどで使われています．ただし，オルタネート動作にも，ON の状態でボタンが押し込まれたままの状態のタイプと，ON の状態だがボタンは押す前の状態に戻るタイプがあります．

さらに，シーケンス制御で使用するスイッチは，大別すると「命令」と「検出」の 2 種類に分けることができます．以下では，命令用のスイッチの代表であるモーメンタリ動作 (復帰型) の押しボタンスイッチ (文字記号：BS) について説明します．

(1) a 接点スイッチ

図 2.13 のように，押しボタンを押すことで，ランプが点灯する回路を考えてみます．ボタンを押す前は接点が開いており，ランプは消灯しています (図 2.13 の左)．ボタンを押すことで接点が閉じて ON となり，ランプは点灯します (図 2.13 の右)．このようなスイッチは，押していない状態は常時，接点が開い

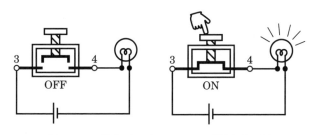

図 2.13 a 接点 (NO) スイッチの構造と使用例

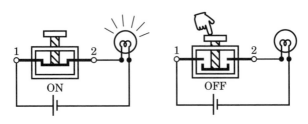

図2.14 b接点（NC）スイッチの構造と使用例

ているので **NO**（Normally Open）**スイッチ**，あるいは**a接点スイッチ**と呼びます．

　ボタンを押している間だけONとなり，離すとOFFになりますので，インターフォンに使うと，ボタンを押している間は「ピ〜〜〜〜〜ン（ポン）」とチャイムが鳴り続けることになります．

　なお，a接点には端子番号というものが付いており，3番，4番を使用します．この端子番号を利用すると，実際に配線するときに接続箇所がわかりやすくなります．特に回路が複雑になる場合は，必ず書くように心がけましょう．

（2）b接点スイッチ

　図2.14のように，ボタンを押す前から接点がON（図2.14の左）となっていて，ボタンを押すことで接点が開いてOFF（図2.14の右）となるスイッチもあります．このようなスイッチは常時，接点が閉じているので **NC**（Normally Close）**スイッチ**，あるいは**b接点スイッチ**と呼びます．機械を緊急停止させるときなどに使用します．b接点の端子番号は1番，2番です．

　なぜ，b接点が緊急停止スイッチに向いているのか説明します．接点がつながったときに流れる電流で熱が発生し，接点が溶けて接着することがあります．それを**溶着**と呼びます．

　図2.15のように，a接点が溶着した場合，ボタンを押すのを止めても接点は閉じたまま（図2.15の左）です．一方，b接点の場合は強く押し込むことで溶着部分がとれる構造（図2.15の右）になっているため，電流を遮断することができます．また，a接点は，溶着以外にも，接点に異物が付いていたり配線が切断していたりすると遮断用の信号を送ることができず，緊急時にも止められなくなってしまいます．したがって，b接点のほうが遮断に向いています．

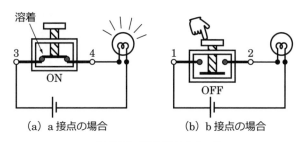

図2.15　緊急停止スイッチ

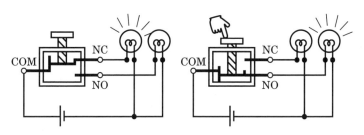

図2.16　c接点スイッチの構造と使用例

（3）c接点スイッチ

また，**図2.16**のように，a接点（NO）とb接点（NC）の両方の接点をもっているものを**c接点スイッチ**と呼びます．c接点には共通を意味する**COM**（common）**端子**があります．

図2.16の回路図では，左側のランプはb接点に接続されていて，右側のランプはa接点に接続されています．そのため，図2.16の左のようにスイッチがOFF状態の場合，b接点が閉じていて，a接点が開いていますので，左側のランプが点灯し，右側のランプが消灯します．

そして，図2.16の右のようにスイッチがON状態の場合，b接点が開き，a接点が閉じますので，左側のランプが消灯し，右側のランプが点灯します．

（4）JIS規格の用語

たかがスイッチと侮ることなかれ，このa接点，b接点，c接点の概念は非常に重要です．この後の説明でも頻繁に出てきますので覚えておいてください．また，a接点は回路をつくるので**メーク接点**，b接点は回路を壊すので**ブレイク接点**，c接点は回路を切り換えるので**切換接点**や**トランスファ接点**とも呼ばれます．

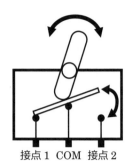

接点1　COM　接点2

図2.17　トグルスイッチの外観図　　　**図2.18**　トグルスイッチの動作

最新の JIS 規格では，メーク接点，ブレイク接点，切換接点となっていますので，初めて学ぶ方はこちらで覚えるのがよいでしょう．ただし，現場では，a 接点，b 接点，c 接点と呼ばれていることが多いので，それらの対応を覚えて，適宜使い分けてください．

　本書では特に指定しない限り，押しボタンは，モーメンタリ動作のスイッチとします．さらに，押しボタンを押すという動作は「押してすぐ離す」と「押し続ける」という動作に分けることができますが，本書では特に指定しない限り，「押してすぐ離す」ことを「押す」と表現することにします．

(5) さまざまな命令スイッチ

　押しボタンスイッチ以外にも，ツマミをひねることで接点を切り換えることができる**セレクトスイッチ**，ツマミをスライドさせることで接点を切り換えられる**スライドスイッチ**，ボタンの両端をシーソーのように交互に押すことで接続と遮断を切り換えられる**ロッカースイッチ**などがあります．

　ここでは，**トグルスイッチ**（文字記号：TS）について説明します．トグルスイッチにも種類がありますが，代表的な単極双投式の外観例を**図2.17**，動作例を**図2.18**に示します．図2.18に示すように，操作レバーを右側に倒すことで，COM と接点1が導通（電流が流れる）します．逆に，操作レバーを左方向に倒すと COM と接点2が導通します．トグルスイッチは，このように接点1と2を切り換えるような構造をもったスイッチであり，オルタネート（保持型）の動作をするものです．

　図2.19に押しボタンスイッチの a 接点，b 接点の図記号，**図2.20**にトグルス

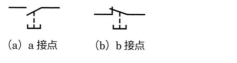

(a) a接点　　(b) b接点

図2.19 押しボタンスイッチ　　　　**図2.20** トグルスイッチ

イッチの図記号を示します．スイッチの図は動作したときに上向きに動くように描きます．a接点では上向きに押し込んだときに，線が上がり導通し，b接点では上向きに押し込んだときに，線が外れて非導通となるイメージです．

2.3 検出用装置（検出スイッチ）

　さて，スイッチには押しボタンスイッチのように，人からの命令を送るためのスイッチ以外にも，何かしらの情報を検出するスイッチがあります．ここでは，マイクロスイッチ（リミットスイッチ），近接スイッチ，光電スイッチについて学びましょう．

(1) マイクロスイッチ

マイクロスイッチとは，わずかな動きに対応して，接点が開／閉するスイッチです．物体の有無や位置など機械的な信号を検出するのに使用します．また，c接点をもっているスイッチであり，**図2.21**に示すように，機械的な動きが入力されるとa接点がONとなる構造になっています．トグルスイッチにも似ていますが，マイクロスイッチは入力がなくなれば自動で復帰する点が違います．

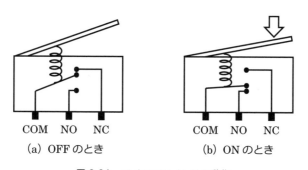

COM　NO　NC　　　　　COM　NO　NC

(a) OFFのとき　　　　　(b) ONのとき

図2.21 マイクロスイッチの動作

(a) a 接点　　　(b) b 接点

図 2.22　マイクロスイッチの図記号

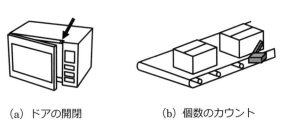

(a) ドアの開閉　　　　　(b) 個数のカウント

図 2.23　マイクロスイッチの使用例

　なお，外力や塵埃（ちりやほこり）などから保護するために，マイクロスイッチを，金属や樹脂のケースに組み込んだものを**リミットスイッチ**と呼びます．

　図 2.22 にマイクロスイッチの a 接点，b 接点の図記号を示します．文字記号には，リミットスイッチの **LS** を使用します．

　マイクロスイッチの使用例を**図 2.23** に示します．図 2.23（a）のようにドア部分の開閉状態を把握したり，（b）のように物体の個数をカウントしたりする場合にも使えます．そのほか，可動部の限界値を知らせることにも使用できます．

(2) 近接スイッチ

　近接スイッチ（近接センサ，文字記号：**PXS**）は，近傍の物体の有無を非接触で検出するスイッチです．ここでは，検出対象となる金属体に発生する渦電流を利用する誘導形近接スイッチを近接スイッチと呼ぶことにします．そのほかにも，非金属も検出できる静電容量形や超音波形などがあります．

　近接スイッチで金属を検出する原理を**図 2.24** に示します．発振回路でつくられた高周波数（速く振動している）の電流をコイルに流すと，コイルによって高周波数の磁界が発生します．この磁界が金属に入ると，金属中には渦をまく渦電流が発生し，コイルから発生している磁界に影響を与えます．その影響を近接スイッチ内の回路が感知することで，金属が近くにあることを検出することができます．

　市販されている 3 線式の近接スイッチからは，茶色，青色，黒色の 3 線が出ています．これらの役割は規格で決まっており，茶色が電源のプラス側（＋V），

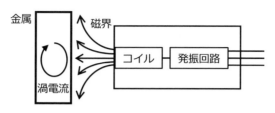

図 2.24 近接スイッチの検出原理

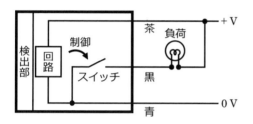

図 2.25 近接スイッチの動作

図 2.26 近接スイッチの図記号

青色が電源のマイナス側（0 V），黒色が検出信号の出力となっています．**図 2.25** に，負論理で動作（スイッチが ON のときに 0 V を出力）する典型的な近接スイッチの動作を示します．ここで，近接スイッチの検出回路を動作させるために，茶線に ＋ V，青線に 0 V を接続します．負荷として，＋V で点灯するランプを，電源のプラス側（＋V）と黒線に接続します．

　近接スイッチが OFF の状態であれば，近接スイッチ内部のスイッチが開いている状態なので，ランプは点灯しません．対して，近接スイッチが，金属を検出したときに近接スイッチが ON となり，内部のスイッチが閉じられるので，ランプには＋V の電位差が与えられ，ランプは点灯します．

　近接スイッチの図記号は，図 2.26 のように，内部スイッチの状態として示します．ただし，極性がある（プラス側とマイナス側がある）ので，図 2.25 のように，負論理で動作（0 V を出力）するスイッチであるなら，負荷のマイナス側（－側）にスイッチを接続しないといけません．

（3）光電スイッチ

　光電スイッチ（文字記号：**PHS**）には，透過形，回帰反射形，拡散反射形などの種類があり，それらの動作原理を**図 2.27** に示します．

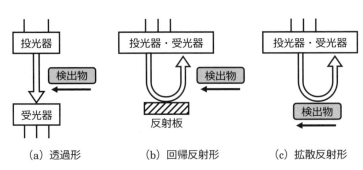

図 2.27　光電スイッチの種類

（a）透過形　　　　（b）回帰反射形　　　（c）拡散反射形

　図 2.27（a）の**透過形**は，投光器（光を発生させる機器）から発射される光を受光器が受け取るように設置することで，検出物によって光が遮られるのを検知します．

　図 2.27（b）の**回帰反射形**は，投光器からの光を反射板によって反射し，受光器が受け取るように設置することで，検出物によって反射光が遮られるのを検知します．

　図 2.27（c）の**拡散反射形**は，投光器からの光を検出物で反射させ，受光器に入れることで物体を検知します．

　透過形は，設置してしまえば位置精度も高く，安定的に検出できますが，投光器の電源 2 本と受光器の電源，および信号線の 3 本の合計 5 本を接続する必要があるので，電源の取り回しや，設置場所を検討しなければいけません．

　拡散反射形は，投光器と受光器が一体化されているので電源の取り回しや設置が楽ですが，投光器・受光器の感度設定を調整する必要があります．

　この 2 つに対して，回帰反射形は，反射板が必要ですが，比較的精度も高く，比較的設置も安易であり，初心者におすすめです．回帰反射形では，**図 2.28** のような反射板を使用します．

　また，光電スイッチも，スイッチなので，a 接点か b 接点かを切り換えられるようになっている商品もあります．受光器に，**図 2.29** に示すようなダイヤルがあれば，ダークオンとライトオンのモードの切り換え

図 2.28　反射板

図 2.29　光電スイッチの設定

ができます．**ダークオン**（Dark On：**D-ON**）とは，受光器に光が届かなかったときにスイッチが ON となるモードです．**ライトオン**（Light On：**L-ON**）とは，受光器に光が届いたときに ON となるモードです．たとえば，図 2.27 (a) の透過形で D-ON モードならば，検出物で光が遮られたときに ON となるので a 接点の動作となります．一方，透過形で L-ON モードにすると，検出物がないときに ON となるので，b 接点の動作となります．また，図 2.27 (c) の拡散反射形で L-ON モードならば，検出物で反射した光が受光器に届くと ON（a 接点の動作）となります．なお，max, min の設定を回せば，感度を調整できます．

市販されている 3 線式の光電スイッチからは，茶色，青色，黒色の 3 線が出ています．負論理で動作（0 V を出力）する光電スイッチならば，図 2.25 で示した近接スイッチと同じ使い方をします．図記号も，受光部のスイッチ状態として，**図 2.30** のように描きます．

図 2.30 光電スイッチの図記号

2.4　表示用装置（ランプ，ブザー）

光を用いて状態を知らせる表示器を**ランプ**と呼びます．ランプには白熱電球，LED，ネオン管などの種類がありますが，図記号では種類は気にせずに**図 2.31** のように描きます．しかし，**表 2.1** に示すように色には意味があり，図記号と文字記号を使って表現します．

表示器によっては，＋ー の極性があるので注意しましょう．最も一般的に利用されているランプは，発光ダイオード（Light Emitting Diode：LED）であり，極性があります．

また，音を用いて状態を知らせる表示器を**ブザー**と呼びます．**図 2.32** に，ブザーの図記号を示します．電圧を加えると変形する現象（圧電効果）を利用した圧電ブザーなどがあります．

図 2.31　ランプの図記号

表 2.1　ランプの色

色	文字記号	意味
赤	RD（RL）	非常
黄	YE（YL）	異常
緑	GN（GL）	正常
青	BU（BL）	強制
白	WH（WL）	中立

図 2.32　ブザーの図記号

2.5　制御用装置

(1) リレー

　リレーとは，外部からの電気信号にしたがって，ON／OFF の切り換えを行う装置のことです．**図 2.33** にリレーの外観図と構造図を示します．

　リレーは c 接点（COM，NO，NC）とコイルで構成されています．コイルに電流を流すと電磁石となり，可動部が電磁石に引き寄せられることで，接点が NC から NO に切り換わります．つまり，コイルに電流を流さない場合は，COM-NC が接続されており，コイルに電流を流すと COM-NO が接続されることになります．なお，このような機械的なリレーを**有接点リレー（メカニカルリレー）**と呼びますが，半導体を用いた**無接点リレー**もあります．

　図 2.34 にリレーの図記号を示します．a 接点，b 接点，リレーの電源部分（コイル）に分けて表現します．文字記号には R を用います．

　リレーを使えば，**図 2.35** のように，直流電圧のスイッチ操作で，交流の電圧をスイッチングすることもできます．また，リレーの ON／OFF は小電力で行い，大電流を流すことができるリレーで，大電力の開／閉を行うこともできます．どうしてこのようなことをするかというと，大電力を取り扱えるリレーを使用せ

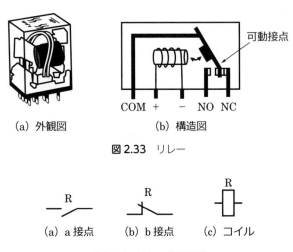

(a) 外観図　　　　　　　(b) 構造図

図 2.33　リレー

(a) a 接点　　(b) b 接点　　(c) コイル

図 2.34　リレーの図記号

ずに，通常のスイッチで開／閉を行うと，スイッチの接点が電流によって発生する熱で焼損したり，接点が溶けて溶着したりすることになり，危険だからです．

さらにリレーは，b接点（NC）を備えていますので，これを利用すると，スイッチをONにしたときにb接点を開くという動作を実現できます．たとえば，図2.36のような回路の場合，スイッチのONでCOM-NOが接続されランプが消灯，スイッチのOFFでCOM-NCが接続されランプが点灯します．このように，ランプが点灯している状態をON，消灯している状態をOFFとすれば，スイッチがONでランプがOFFというように，入力の信号を反転させて出力していることになります．

図2.37にc接点が4つ入っている4極リレーの接点構成例を示します．端子構成等はそれぞれの製品のマニュアルやリレーの上面に記載されているので確認してください．図2.37の場合，9-1，10-2，11-3，12-4はb接点なので，は

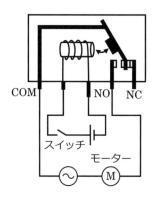

図2.35 リレーの使用例

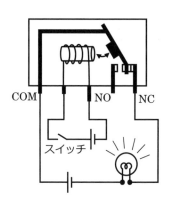

図2.36 リレーによる信号反転回路

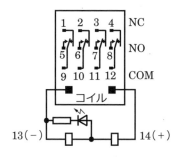

図2.37 リレーの接点構成例

41

じめから接点が閉じている状態になっています．ここで，リレーを動作させる（a接点をONにする）ためにはコイルに電圧を加える必要があるので，14番に＋，13番に－を接続します．そうすると，a接点である9-5，10-6，11-7，12-8がONとなります．さらに，リレーの動作確認用のLEDが付いている機種の場合，14番に＋，13番に－の電圧を加えるとLEDが点灯します．

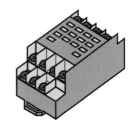

また，実際のリレーに配線を行う場合は，**図2.38**のようなソケットにリレーを挿入して，ソケットのネジ部分に配線を行います．このとき，ソケットに端子番号が書かれているので，そこを参考に配線していきます．

図2.38　ソケットの外観

例題2.1

　押しボタンスイッチが押されていない間は赤ランプRLが点灯し，押しボタンスイッチを押している間はRLが消灯する回路の実体配線図を描きなさい．

　なお，リレーは4極リレーであり，接点構成は図2.37と同じものとする．また，電源は長いほうの線が＋側，短いほうの線が－側である．

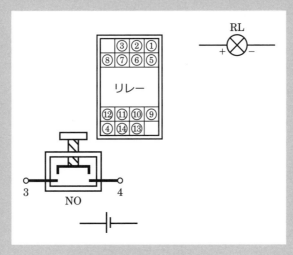

図2.39　例題2.1の実体配線図

図 2.40 のように，NO 接点を介して，リレーの電源端子 14 番に電源の＋，13 番に電源の－を接続します．9-1 番は b 接点になっているので，NO 接点が押されていないとき，RL は点灯しています．NO 接点が押されたら，リレーが動作して，9-1 番は開くので，RL への電流が切断されて消灯します．

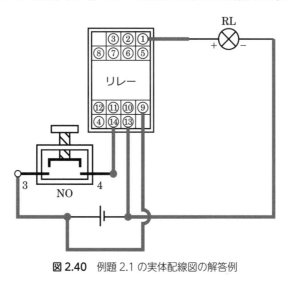

図 2.40 例題 2.1 の実体配線図の解答例

(2) タイマ

タイマとは，設定した時間にしたがって，ON／OFF の切り換えを行う装置のことです．**図 2.41** にタイマの外観図と構造図を示します．

タイマは c 接点（COM，NO，NC）とコイル，および時間制御回路で構成さ

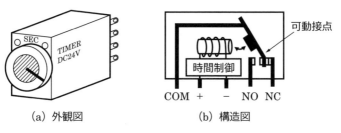

(a) 外観図　　　　　(b) 構造図

図 2.41 タイマ

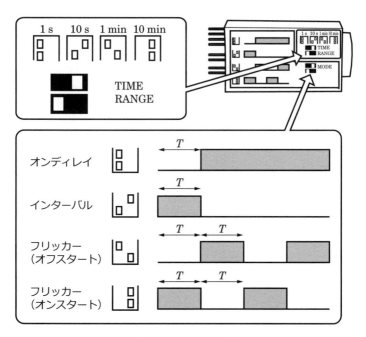

図 2.42 タイマの設定

れています．簡単にいえば，リレーに時間を計る機能が付いたものです．リレーの場合と同様に，ソケットに挿入して使用します．

　タイマによっては，**図 2.42** のように，側面に切り換え用のスイッチが付いているものがあります．この場合，"TIME RANGE" と書かれている 2 つのスイッチで時間範囲（最大時間）を設定します．スイッチが「左」「左」となっていれば，最大時間が 1 秒に設定されます．この図では，「右」「左」となっているので，最大時間が 10 秒に設定されています．なお，スイッチは小さいので，マイナスドライバーなどを差して切り替えます．

　次に，"MODE" と書かれている 2 つのスイッチで，モードが設定できます．スイッチが「左」「左」となっていれば，オンディレイモードになります．**オンディレイ**とは，設定した時間だけ ON となるのが遅れる，つまり，設定した時間後に ON（a 接点が閉じる）となるモードです．図 2.42 の下部に描かれている図では，灰色の部分が ON であることを意味していますので，T 秒後に ON になることを示しています．また，MODE が「右」「左」と設定されるとインターバルモードになります．**インターバル**とは，タイマの起動と同時に a 接点が閉

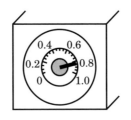

図 2.43 時間設定

じ，設定した時間後に a 接点が開くモードです．MODE が「左」「右」や「右」「右」の場合はフリッカーモードとなります．**フリッカー**とは，設定した時間でON と OFF が交互に切り換わるモードです．ON から始まるオンスタートとOFF から始まるオフスタートがあります．

　また，より細かい時間は，**図 2.43** に示すような正面のダイヤルを回すことで設定します．先ほどのスイッチの設定で，最大時間を 10 秒に設定したならば，この図の場合，8 秒に設定したことになります．

　タイマの種類には，オンディレイ，インターバル，フリッカー以外に，**オフディレイ**というものもあります．インターバルに似ていますが，別物なので間違えないようにしてください．

　図 2.44 にて，オフディレイ等のタイミングの違いについて説明します．オフディレイは，タイマのコイル電源が切れた後，設定した時間が経過したら a 接点を開く動作を行います．たとえば，車のドアを開けたらルームランプが点灯し，ドアを閉めてから数秒間はルームランプが点灯するような場合に利用できます．

　図 2.45 および**図 2.46** に，タイマの図記号を示します．基本的な図はリレーと同じですが，オンディレイかオフディレイかが図記号だけを見てわかるようになっています．文字記号には TLR もしくは，さらに省略して T を用います．

　なお，オンディレイとオフディレイの図記号の見た目が似ているのでわかりにくいと感じる人もいると思います．これらの区別は，**図 2.47** のようなパラシュートの動作にたとえて考えるとわかりやすいといわれています．たとえば，オフディレイの a 接点は，タイマが動き出すと同時に接点が閉じ，設定時間後に接点が離れるのが「遅れる」ので，パラシュートで降下するときのように，後からゆっくりと動作するとたとえられます．逆に，オンディレイは図 2.47 (c)のように，接点が閉じるのが遅れるので，接点が上にゆっくり上昇するイメージで，パラシュートの向きが逆になっているとたとえます．

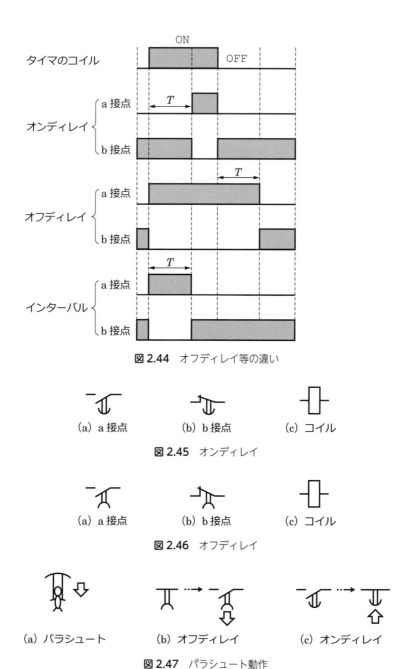

図2.44 オフディレイ等の違い

(a) a接点　　(b) b接点　　(c) コイル

図2.45 オンディレイ

(a) a接点　　(b) b接点　　(c) コイル

図2.46 オフディレイ

(a) パラシュート　　(b) オフディレイ　　(c) オンディレイ

図2.47 パラシュート動作

例題2.2

　押しボタンスイッチを押すと赤ランプRLが点灯し，そのまま押しボタンスイッチを押し続けると，3秒後に赤ランプRLが消灯する回路の実体配線図を完成させなさい.

　また，タイマのモードは，オンディレイ，オフディレイ，インターバルの中から選び，何を使用したか記入しなさい.

　なお，タイマは4極タイマであり，4極リレーの接点構成（図2.37参照）と同じものとし，3秒に設定されているものとする.

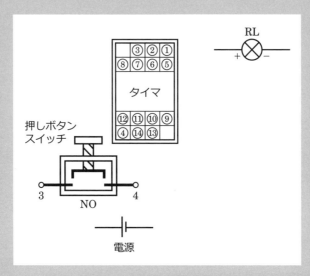

図2.48　例題2.2の実体配線図

例題解説

　図2.49のように，NO接点を介して，タイマの電源端子14番に電源の＋，13番に電源のーを接続します. オンディレイタイマなので，そこから3秒後にa接点が閉じることになります.

　また，NO接点が押されたら，＋の電圧が9番に入ります.

　9-1番はb接点になっているので，RLが点灯します. 3秒後には，9-1番は開いてRLは消灯します.

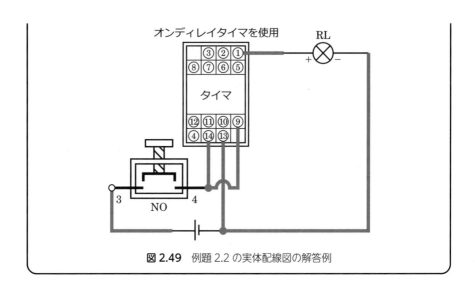

図2.49　例題2.2の実体配線図の解答例

(3) カウンタ

　カウンタとは，その名前の示すとおり，数を数えるものです．カウンタには，カウント数を表示するだけの**トータルカウンタ**と，あらかじめ目標数字をセットし，その値まで達すると，出力信号を出す**プリセットカウンタ**があります．さらに，プリセットカウンタには，カウント数を足していく**加算カウンタ**と，減らしていく**減算カウンタ**があります．ここでは，加算式のプリセットカウンタを説明していきます．

　図2.50に，カウンタの外観図と構造図を示します．カウンタはc接点（COM，NO，NC）とコイル，および計数回路で構成されています．簡単にいえば，タイマの時間制御回路が計数回路に代わったものです．カウンタ前面のボタンで目標数字を設定します．カウント数が増えていき，目標数字に達したとき，出力信号（a接点が閉じる）が出ます．オーバカウントしない設定ならば，目標数字に達したら，それ以上はカウントしません．手動でリセットするならば前面のリセットボタンを押します．

　図2.51に，カウンタの端子構成例を示します．この図の場合，1番，2番がカウンタの電源です．3番，4番，5番がc接点（COM，NO，NC）で，目標数字に達したら，3番と4番が導通することになります．6番は，カウンタ内部で1番とつながっているので，0Vが取り出せるようになっています．7番はリセッ

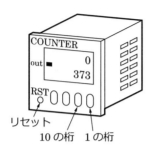

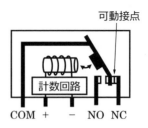

（a）外観図   （b）構造図

図 2.50　カウンタ

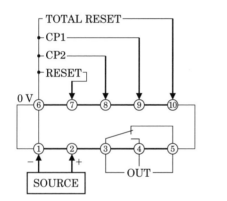

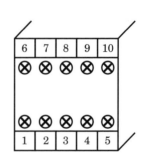

図 2.51　カウンタの端子構成と後面図例

ト端子です．カウントをリセットするには，7 番に 0 V の信号を入れる必要があ
ります．したがって，6 番と 7 番を導通させればリセットされます．

　8 番，9 番がカウント機能を担っており，2 種類の計数を行うことができます．
カウントするには，リセットと同様に，8 番，9 番に 0 V の信号を入れる，つまり，
6 番と 8 番や 9 番を導通させればカウントされます．10 番を使えば，通算のカ
ウント数をリセットできますが，内部接点の接続を切り換えるカウント数は保持
されたままになります．

　図 2.52 に，カウンタの図記号を示します．リレーと同様に，a 接点，b 接点，
コイルの記号で表します．接点の文字記号には C を用います．カウント用コイ
ルには CC，リセット用コイルは RC と記入して区別します．

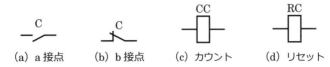

C
C
CC
RC
(a) a 接点
(b) b 接点
(c) カウント
(d) リセット

図 2.52　カウンタの図記号

うーんと…

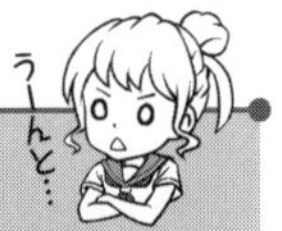

例題 2.3

押しボタンスイッチを押すと，カウンタの数を増やしていき，設定値に達したらランプを点灯させる回路の実体配線図を完成させなさい．

ただし，カウンタの端子構成は，図 2.51 と同じものとする．

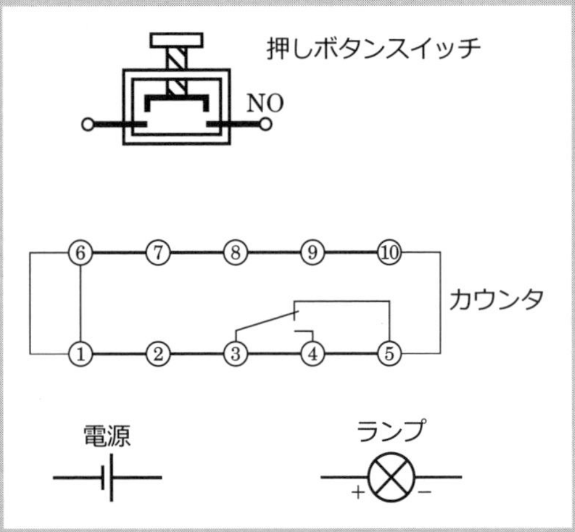

押しボタンスイッチ
NO
6
7
8
9
10
カウンタ
1
2
3
4
5
電源
ランプ
+
−

図 2.53　例題 2.3 の実体配線図

例題解説

　図 2.54 のように，カウンタの電源端子である 1 番に電源の－，2 番に電源の＋を接続します．

　カウントアップするためには 9 番を 6 番と導通させる必要があるので，押しボタンスイッチを介して接続します．

　最後に，設定値に達したらランプを点灯させるため，3 番の COM に電源の＋を接続し，4 番の NO から取り出した線をランプの＋側に接続します．

　そして，ランプの－側を電源の－（0 V）に接続します．

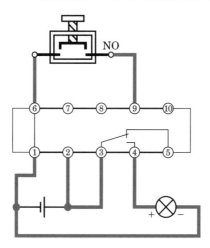

図 2.54　例題 2.3 の実体配線図の解答例

章末問題

問 **2.1**　a 接点と b 接点の違いを説明しなさい．

問 **2.2**　モーメンタリ動作とオルタネート動作の違いを説明しなさい．

問 **2.3**　リレーの特徴と利用方法を説明しなさい．

問 **2.4**　オンディレイタイマとオフディレイタイマの違いを説明しなさい．

問 2.5　押しボタンスイッチ BS1 と押しボタンスイッチ BS2 の両方が押され
ているときにのみランプが点灯する回路の実体配線図を描きなさい.

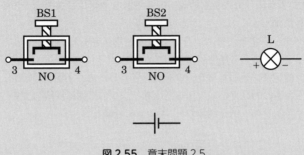

図 2.55　章末問題 2.5

問 2.6　押しボタンスイッチ BS1 と押しボタンスイッチ BS2 のどちらか一方
でも押されているときにブザーが鳴る回路の実体配線図を描きなさ
い.

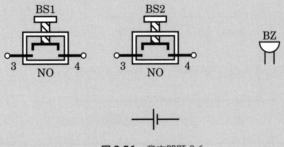

図 2.56　章末問題 2.6

問 2.7　押しボタンスイッチを押している間は赤ランプ RL が消灯し, 緑ラン
プ GL が点灯する回路を, リレーを用いて実現する. その回路の実体
配線図を描きなさい.
　　　なお, 押しボタンスイッチが押されていない間は, RL が点灯し, GL
は消灯しているとする.

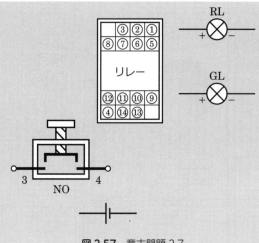

図 2.57 章末問題 2.7

問 2.8 近接センサを利用して，物体を検出するとランプが点灯する回路を実現する．その回路の実体配線図を描きなさい．

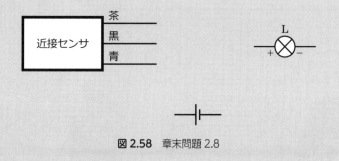

図 2.58 章末問題 2.8

54

第 **3** 章

シーケンス
回路設計の基礎

シーケンス図
の作法を学び，
読み書きが
できるように
なろう！

これを──

「シーケンス図」
で描くとこうだ

スイッチの向きは
動作が上向きに
なるように書くよ

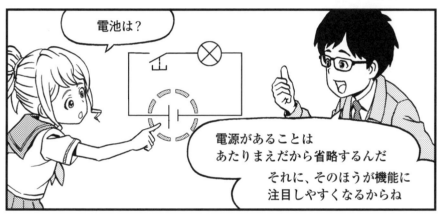

電池は？

電源があることは
あたりまえだから省略するんだ

それに、そのほうが機能に
注目しやすくなるからね

同じライン上にスイッチと
ランプを配置する場合

スイッチ
は左側

ランプは
右側に
するんだ

つまり──
命令用装置
が左で

それによって
動作する装置が
右ということだね

命令　動作

はい！

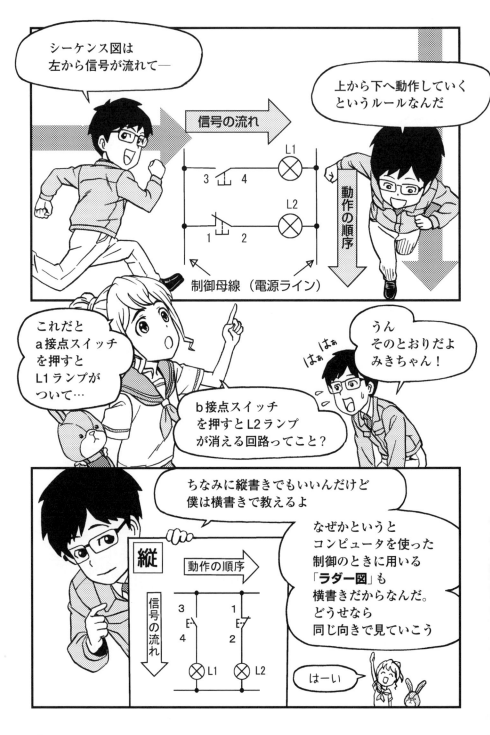

　本章では，シーケンス制御回路を設計するときに必要となる「作法」を学びます．まず，シーケンス制御回路の動作と順序をわかりやすく記述するシーケンス図の特徴と描き方について説明します．

　次に，シーケンス制御回路の動作を時間経過に沿って表現するタイムチャートについて説明します．

　最後に，シーケンス制御回路の基礎となる論理回路について説明します．

3.1 シーケンス図

　シーケンス制御における回路図の書き方は電気回路とは異なります．シーケンス制御の回路図は，**シーケンス図**と呼ばれる回路図で表します．そしてシーケンス図では，第2章で説明した機器をシンボル記号（図記号）で表します．図記号は，第2章で説明しましたが，ここで本章で用いる代表的なシンボル記号を**表 3.1**にまとめておきます．

　表 3.1 のように，リレーやタイマのシンボル記号は，コイル部分と接点の2つに分けてシーケンス図に書きますが，両者が連動して動くことに注意してください．すなわち，コイル部分が ON になれば，接点も同時に ON になります．

表 3.1　代表的なシンボル記号

名　称	a 接点	b 接点	コイル／駆動部
押しボタンスイッチ			
マイクロスイッチ			
リレー			
オンディレイタイマ			
オフディレイタイマ			
ランプ			⊗

　また，シンボル記号に端子番号を記入する場合があります．たとえば，リレーのコイル部分は，リレーの動作電源となる端子 13 番，14 番に対応しています（図 2.37 参照，p.41）ので，シンボル記号でリレーのコイルを表現する場合は，**図 3.1** となります．

　同様に，リレーの接点は a 接点および b 接点なので，たとえば，リレーの 9 番，5 番の a 接点を表現すれば**図 3.2** のようになります．

　それでは，さっそくシーケンス図を作成する例題として，**図 3.3**（a）のように，a 接点と b 接点を使って，2 つのランプを並列に接続する回路を考えてみます．

　まず，押しボタンスイッチとランプを表 3.1 の記号に置き換えます．スイッチ記号は動作したときに上向きに動くように描きます．また同種類の機器を区別するために文字記号（それぞれの機器を表す文字の記号）を書き込んでおきます．図 3.3（b）ではランプ 1 とランプ 2 をそれぞれ L1，L2 としています．

　なお，赤色ランプなら RL，緑色ランプなら GL のようにします．また，押しボタンスイッチが複数ある場合には，BS1，BS2 のように番号を付けて記入しておくと確実です．

図 3.1　リレーのコイル部分　　　　　**図 3.2**　リレーの a 接点

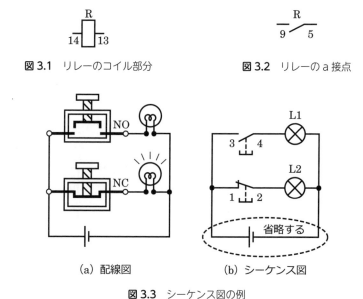

（a）配線図　　　　　（b）シーケンス図

図 3.3　シーケンス図の例

　次に電源です．電源は当然必要なことがわかりきっていますので，シーケンス図では図3.3（b）のようにせず無駄を省いて，省略して描きます．省略したものが**図3.4**（a）です．このとき，左端の線が電源のプラス側，右端の線が電源のマイナス側になるようにします．これが前ページの図3.3（a）をシーケンス図で表現したものになります．

　なお，シーケンス図には横書きと縦書きの2つの描き方がありますが，後ほど説明するラダー図のために，横書きで慣れたほうがよいでしょう．横書きの場合，上段から順番に動作が行われていきます．対して，信号の流れは左から右に向かって進んでいきます．

　最後に，シーケンス図のルールをまとめておきます．

- ・基本要素（接点，コイル，ランプ）は表3.1（p.61）の記号を用います．
- ・シンボル記号には，端子番号を付けたり，複数の要素を区別するために文字記号や番号を付けたりします．
- ・左端に電源のプラス側の線を，右端にマイナス側の線を描きます．
- ・できるだけ接点は左側に配置し，コイルやランプは右側に配置するようにします．

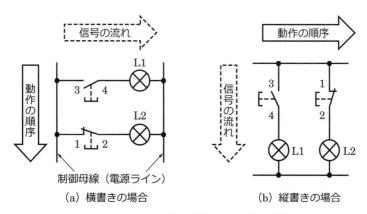

（a）横書きの場合　　　（b）縦書きの場合

図3.4 シーケンス図の信号の流れと動作順序

コラム よくある間違い

　初心者によくある間違いは，**図3.5**のように負荷を直列に配置することです．これでは，ランプLとリレーRで分圧されるので，どちらも正常に動作しません．

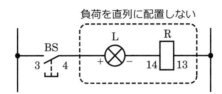

図3.5　間違ったシーケンス図

　ここで，電気回路の復習をしておきましょう．**図3.6**に示すように，24 V の電源に，12 Ω の2つの抵抗が直列と並列に接続されているとします．

　このとき，直列回路の場合，2つの抵抗の合成抵抗は24 Ωとなるので，オームの法則より，1 Aの電流が流れることになり，各抵抗での電圧降下は12 Vとなります．これを電圧が分かれたので，**分圧**と呼びます．

　一方，並列接続した場合は，各抵抗での電圧降下は24 Vとなります．

　つまり，24 Vで動作させたい負荷を図3.6 (a) のように直列接続させてしまうと，正常に動作しないので注意してください．

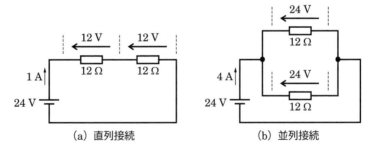

（a）直列接続　　　　　　　　　（b）並列接続

図3.6　直列接続と並列接続

3.2 タイムチャート

タイムチャートは，横軸に時間，縦軸にスイッチの ON，OFF といった状態を示すものです．タイムチャートを使うと，制御機器がどのような動きをしているか，順を追って見ることができるので，動作について理解しやすくなります．たとえば，タイマやカウンタを用いる場合，経過時間や回数を動作の切り換えの条件にしますので，タイムチャートを用いて動作のタイミングを把握したりします．実は，図 2.42（p.44）や図 2.44（p.46）に示している図はタイマの動作を表したタイムチャートです．

いま，簡単な例として，押しボタンスイッチ BS1 を押すと青ランプ L1 が点灯し，ボタンを離した後，3 秒後に，押しボタンスイッチ BS2 を押すと赤ランプ L2 が点灯する回路のタイムチャートを考えてみます．

これは，図 3.7 のようなタイムチャートとなります．左から右に時間が流れていて，下の線と上の線は，それぞれの要素の OFF と ON の状態を表しています．

BS1 はボタンを押している間は ON で，離すと OFF になります．これに連動して，BS1 が OFF から ON になるとランプ L1 が OFF（消灯）から ON（点灯）になり，BS1 が ON から OFF になると，L1 が ON から OFF になります．

一方，BS2 が OFF から ON になると，L2 が OFF から ON になります．ただし，BS2 は，BS1 が ON から OFF になってから 3 秒後に ON にすることを図 3.7 から確認できます．

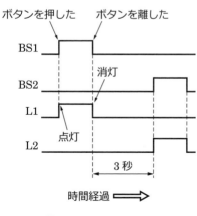

図 3.7 タイムチャート

例題 3.1

　図 3.8 をもとに，横断歩道の押しボタン式信号機のタイムチャートを作成しなさい．

　条件として，はじめ，車道用信号機は青色であり，ボタンを押したら 3 秒後に黄色になり，さらに 3 秒後に赤色になる．車道用信号機が赤色になると同時に，歩行者用信号機が青色になり，9 秒後に赤色になる．同時に，車道用信号機は青色に戻る．

　なお，ボタンを押した瞬間から動作が始まるとする．

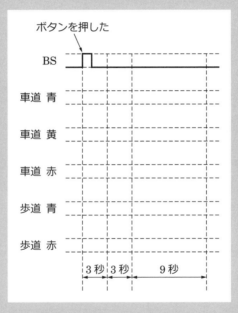

図 3.8　例題 3.1 のタイムチャート

例題解説

【例題 3.1 の解答例】

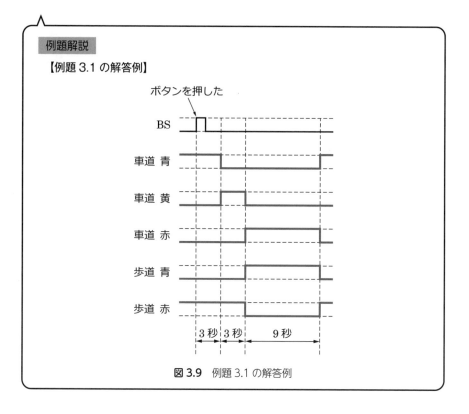

図 3.9 例題 3.1 の解答例

3.3 論理回路（AND, OR, NOT）

「スイッチが入ったか／入っていないか」「信号があるか／ないか」のような，2つの状態（2値）の信号を入力し，演算する回路を**論理回路**と呼びます．

シーケンス制御は，論理回路の一種ですので，論理回路の基礎を知っていると，シーケンス図を理解しやすくなります．

また，回路を設計する状況で，いきなりシーケンス図を書くのではなく，論理を決めてから回路を考えると間違いが少なくなります．

この節では，スイッチの ON ／ OFF，ランプの点灯／消灯という2つの状態を考える論理回路の基礎について学びます．

さっそくですが，例題をやってみましょう！

例題 3.2

　押しボタンスイッチを押している間のみランプが点灯する回路のシーケンス図を作成しなさい．

例題解説

　図 3.10 のように，押しボタンスイッチに a 接点を使います．
　なお，このような回路を **ON 回路**と呼ぶことがあります．

図 3.10　例題 3.2 のシーケンス図

例題 3.3

　常にランプが点灯し，押しボタンスイッチを押している間のみ消灯する回路の，シーケンス図を作成しなさい．

例題解説

　図 3.11 のように，押しボタンスイッチに b 接点を使います．
　なお，このような回路を **OFF 回路**あるいは，押したときに消灯するので否定を意味する **NOT 回路**と呼びます．

図 3.11　例題 3.3 のシーケンス図

例題3.4

例題3.3のNOT回路を，a接点の押しボタンスイッチとリレーで構成した場合の，シーケンス図を作成しなさい．

例題解説

図3.12のように，押しボタンスイッチにa接点を使い，リレーのb接点でNOT回路を構成します．

これにより，押しボタンスイッチのa接点をb接点に変換することができます．

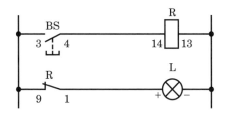

図3.12 例題3.4のシーケンス図

例題3.5

２つの押しボタンスイッチを，両方とも押している間のみ，ランプが点灯する回路のシーケンス図を作成しなさい．

例題解説

図3.13のように，押しボタンスイッチにa接点を使い，スイッチを直列に接続します．

なお，このような回路を **AND回路** と呼びます．AND回路は，機械外部の２個のスイッチを両手で同時に押さないと，機械が起動しない，といったプレス加工機の安全対策にも使われています．

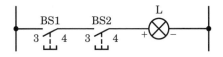

図3.13 例題3.5のシーケンス図

例題3.6

　2つの押しボタンスイッチのうち，どちらか一方を押している間のみ，ランプが点灯する回路のシーケンス図を作成しなさい．

例題解説

　図 **3.14** のように，押しボタンスイッチに a 接点を使い，スイッチを並列に接続します．

　なお，このような回路を **OR 回路**と呼びます．OR 回路は防犯警報やバスの停車ボタンなど，どこか 1 か所のスイッチが ON になるとベルが鳴るような場合に使われています．

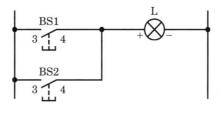

図 3.14　例題 3.6 のシーケンス図

例題3.7

　表 **3.2** のように，2つの押しボタンスイッチを，両方とも押している間のみ，ランプが消灯する回路のシーケンス図を作成しなさい．

表 3.2　スイッチとランプの対応表

BS1	BS2	L
OFF	OFF	点灯
OFF	ON	点灯
ON	OFF	点灯
ON	ON	消灯

例題解説

　p.69 の図 3.13 の AND 回路に，リレーの b 接点を入れて，出力を反転させ
ます（図 **3.15**）.
　なお，AND 回路の反転（NOT）なので，これを **NAND 回路**と呼びます.

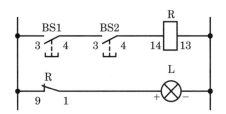

図 3.15　例題 3.7 のシーケンス図

例題 3.8

　表 **3.3** のように，2 つの押しボタンスイッチを，両方とも押していないときだ
け，ランプが点灯する回路のシーケンス図を作成しなさい.

表 **3.3**　スイッチとランプの対応表

BS1	BS2	L
OFF	OFF	点灯
OFF	ON	消灯
ON	OFF	消灯
ON	ON	消灯

例題解説

　前ページの図 3.14 の OR 回路に，リレーの b 接点を入れて，出力を反転させ
ます（図 **3.16**）.
　なお，OR 回路の反転（NOT）なので，これを **NOR 回路**と呼びます.

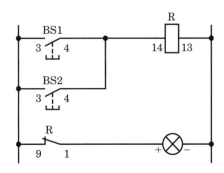

図 3.16　例題 3.8 のシーケンス図

例題3.9

　図 3.17 のような階段の照明スイッチを考える.

　階段を上る前に,スイッチ 1(BS1)を押すと点灯し,階段を上がった後にスイッチ 2(BS2)を押すと消灯する.

　その逆も同じで,階段を下りる前にスイッチ 2 を押すと点灯し,下りた後にスイッチ 1 を押せば消灯する.

　このような,どちらか一方が押されている場合にランプが点灯するが,それ以外の場合は消灯する回路のシーケンス図を作成しなさい. ただし,BS1 およびBS2 は,それぞれ連動している a,b 接点をもっているオルタネート方式のスイッチとする.

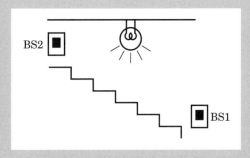

図 3.17　階段の照明スイッチ

例題解説

　図3.18のように，BS1のa接点とBS2のb接点を直列にし，BS1のb接点とBS2のa接点を直列にして，それらを並列に接続します．
　なお，このような回路を **EXOR回路** と呼びます．

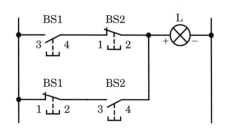

図 3.18　例題 3.9 のシーケンス図

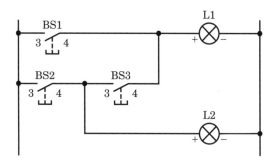 右から左に信号が流れるシーケンス図

　図 **3.19** のようなシーケンス図があったとします．
　これは，

BS1 を押すか，BS2 と BS3 を同時に押すとランプ L1 が点灯し，BS2 を押すとランプ L2 が点灯する

という回路をつくろうとしたときのシーケンス図です．

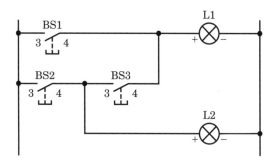

図 3.19　信号の分岐と合流

　図 3.19 では，BS2 と BS3 の間に分岐があり，さらに BS1 とランプ L1 の間に合流がありますが，これは注意が必要です．

　なぜなら，BS1 と BS3 を同時に押したときにランプ L2 が点灯してしまうからです．本来，信号は左から右に流れるのが望ましいですが，この例の場合，BS1 と BS3 を同時に押して，BS2 が押されていないとき，BS3 のところで右から左に信号が流れます．

　このような予期せぬ動作が起きてしまう回路はつくらないほうがよいでしょう．それでは，これを改善するにはどうすればよいでしょうか．考えてみてください．

章末問題

問 3.1　**図 3.20**，**図 3.21** をもとに AND 回路（図 3.13）と OR 回路（図 3.14）のタイムチャートを描きなさい．

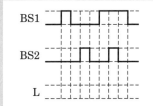

図 3.20　章末問題 3.1（a）AND

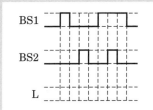

図 3.21　章末問題 3.1（b）OR

問 3.2　以下の動作を実現するシーケンス図を描きなさい．
(1) 押しボタンスイッチ BS1 を押している間は赤ランプが点灯，BS2 を押している間は緑ランプが点灯する．
　　　ただし，BS3 を押している間は，BS1，BS2 にかかわらず，赤ランプおよび緑ランプが消灯する．
(2) BS1 と BS2 を同時に押しているか，BS3 と BS4 を同時に押している間はランプが点灯する．
(3) BS1 または BS2 を押し，かつ，BS3 または BS4 を押している間はランプが点灯する．

(4) BS1, BS2, BS3 のどれか 1 つだけ押している間はランプが点灯する. 同時に複数のスイッチを押している間は消灯する.
ただし, 押しボタンスイッチは, 連動している a, b 接点をもっているものとする.

(5) BS2 を押している間か, BS1 と BS2 を同時に押している間は, ランプが消灯し, それ以外の場合は, ランプが点灯する.
ただし, 押しボタンスイッチは, 連動している a, b 接点をもっているものとする.

問 3.3 以下の表の動作を実現する回路のシーケンス図を描きなさい (XNOR 回路).

表 3.4 スイッチとランプの対応表

BS1	BS2	L
OFF	OFF	点灯
OFF	ON	消灯
ON	OFF	消灯
ON	ON	点灯

よし…

このシーケンス図の
とおりに組み上げれば…

だめだ…

やはり「リレー」が
なくては…

しかたがない…
手づくりするか…

第4章

シーケンス制御の基本回路

入力を記憶・
選択する基本回路
を作成できる
ようになろう！

志位さん！
いつも教えてくださって
ありがとうございます！

これ、お礼の
お弁当です！

みきちゃん…ありがとう！
女の子から手づくりのお弁当を
もらうのは四半世紀生きてて
初めてだよーっ！

あ、スミマセン
それ、母がつくりました

え？ じゃあなぜ
ロボを…？

さてー

今回は「基本回路」を
教えよう！

自己保持回路
一定時間動作回路
優先回路

定番の働きをする回路の
3つがこれだ！

優先回路の派生で
「インタロック回路」
という基本回路も
あるけど

これは後から入ったものは
機能させない働きなんだ
安全装置によく使われているよ

それって洗濯を始めたら
モード変更できない
とかかな？

そうそう
いい例だね！

それでは
いよいよ—

基本回路の
シーケンス図を
見ていこうか！

はい！

　エレベータでは，行き先階ボタンを押すと，かごがその階まで移動します．このとき，行き先階ボタンを押しっぱなしにしなくても行き先階が保持されます．これを実現するには，自己保持回路というものが必要になります．

　また，かごが移動している間に扉を開くボタンを押しても扉は開きません．これは，優先回路が実装されているためです．

　このように，シーケンス制御では，基本的な回路の組み合わせで機能を実現することが多いので，基本回路のしくみを知っておくと便利です．

　本章では，基本回路の一例として，自己保持回路，一定時間動作回路，インタロック回路を説明します．

4.1　自己保持回路

　自己保持回路とは，リレーが信号を受け取ると，信号を受け取ったことを自身の接点で保持（記録）する回路です．自己保持回路はシーケンス制御を行ううえで非常に重要な回路です．しかしながら初心者が一番初めに理解に苦しむ回路でもあるので，よく理解して，必ずマスターしてください．

　ちょっとおどかしてしまったようですが，まずは一緒に例題を解いてみましょう．

例題 4.1

　押しボタンスイッチの ON ／ OFF で，ランプが点灯／消灯する回路（ON 回路）のシーケンス図を作成しなさい．

　ただし，ランプの点灯／消灯には，リレーを使うものとする．

例題解説

　このシーケンス図は，次ページの**図 4.1** となります．

　動作を説明すると，押しボタンスイッチ BS1 を押すと，リレー R のコイル 14，13 に電流が流れてリレー R が ON となり，接点 9，5 が接続されます．そして，リレー R の接点 9，5 を通して，ランプ L に電流が流れて L が点灯します．

　しかしながら，ここで BS1 を離すと，R のコイル 14，13 に電流が供給されなくなるため，R は OFF となり，R の接点 9，5 は切断されるので L は消灯してしまいます．

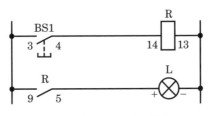

図 4.1　自己保持しない場合

例題 4.2

　例題 4.1 の回路を改良して，押しボタンスイッチを 1 回押すと，押すのを止めてもランプが点灯し続ける回路のシーケンス図を作成しなさい．

例題解説

　例題 4.1 の次に，BS1 を押したら R が ON になり続ける回路を考えていきます．

　BS1 を押した後に，R の 14，13 に電流を流すためには，図 4.2 のように R の端子 5 と R の端子 14 を接続します．そうすると，BS1 を離しても R の接点 9，5 を通し

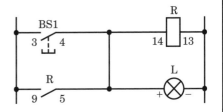

図 4.2　自己保持回路

て，R のコイル 14，13 に電流が流れることになるので，R は ON となり続けることになります．

　この状態を，R 自身で電流を流して ON となり続けるので，**自己保持**と呼びます．

例題 4.3

　例題 4.2 の回路を改良して，押しボタンスイッチ BS1 を 1 回押すとランプが点灯し続け，別の押しボタンスイッチ BS2 を押すと，消灯する回路のシーケンス図を作成しなさい．

　図 4.2 の回路のままでは，自己保持状態を解除することができないので，解除するために押しボタンスイッチ BS2（b 接点）を接続します．

　接続する場所は，図 4.2 の R への電源供給を切ればよいので，たとえば，図 4.3 のように，R の端子 14 の前に配置します．

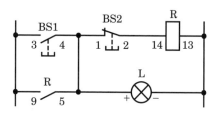

図 4.3　切断可能な自己保持回路

　図 4.3 が自己保持回路の基本形となるので，覚えてください．

　このような少し複雑な回路となってしまう自己保持回路がなぜ必要なのか考えてみましょう．「トグルスイッチを使えば，何もこんなことしなくてもいいじゃないか」と考えた人もいたのではないでしょうか．確かに，トグルスイッチを使えば，機械的に保持させることができますが，リレーを使うことによって，電気的に保持させることが可能となります．電気的に保持できれば，人間が手動で操作をしなくて済みます．したがって，自動制御においては，電気的に制御するほうが大変便利です．

　また，自己保持回路を使えば，後で説明するインタロック回路（同時に動作させないようにする回路）を組んだりすることも可能となり，安全性が向上します．さらに，もしも停電が起こったり，コンセントが抜けたりして電源が供給されなくなったときでも，自己保持回路であれば，リレーの自己保持は停電等によって解除されるので，停電等から復旧したときに，機器が急に動作して事故を起こす心配もありません．

　自己保持回路がいかに便利で有用か，ご理解いただけたでしょうか．

　それでは，例題 4.3 の回路の実体配線図をつくってみましょう．

例題 4.4

　押しボタンスイッチ BS1 を 1 回押すとランプが点灯し続け，別の押しボタンスイッチ BS2 を押すと消灯する回路（自己保持回路）の実体配線図を完成させなさい．ただし，リレーの端子構成は図 4.4 のようになっているとする．

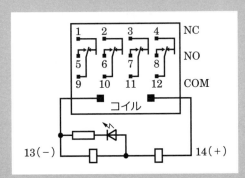

図 4.4　リレーの端子構成

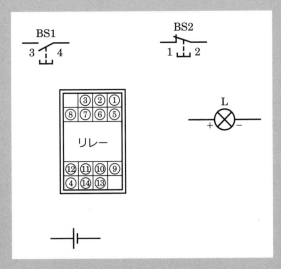

図 4.5　自己保持回路の実体配線図

例題解説

　まず，端子台の種類によっては，丸形や先開形の圧着端子ならば，お互いに背面を合わせて上下に 2 本のケーブルを接続することができます．また，棒形の

端子であれば，座金の左右に2本接続することができます．ただし，どちらの場合でも，3本以上になると抜けやすくため，1つの端子に接続できるケーブルは2本までとします．

　ここでは，1つの端子に接続できるケーブルは2本までであるとして，実体配線図を描きます．たとえば，図4.6のシーケンス図を見てみると，BS1の4番がBS2の1番，Rの5番，Lの＋の合計3端子と接続されています．BS1の4番から取り出せる線は2本までなので，3本取り出したいと考えて，初心者が配線できないという陥りやすい場面です．実際の配線を行うときは，シーケンス図とまったく同じに組むのではなくて，配線数を少なくするように考えないといけません．

　つまり，図4.7のように，BS1の4番とBS2の1番，BS1の4番とRの5番，Rの5番とLの＋，といった合計3本の線で接続すればよいです．また，「Rの5番とLの＋」にかわって「BS2の1番とLの＋」を接続してもかまいません．

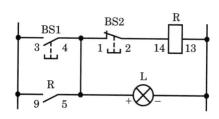

図4.6　自己保持回路のシーケンス図

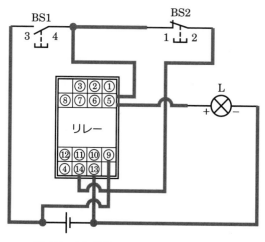

図4.7　自己保持回路の実体配線図の解答例

コラム　自己保持の解除方法についての補足

　図4.6（**図4.8**（a））では自己保持の解除のために，b接点をリレーのコイルの直前に挿入していますが，図4.8（b）のように，リレーの接点の直後に接続することもできます.

　リレーの直前（a）とリレーの接点の直後（b）は同じように見えますが，動作が少し異なります.（a）の場合，a接点（BS1）が閉じていたとしてもb接点（BS2）を開くとリレーはOFFになりますが，対して，（b）の場合，a接点（BS1）が閉じていれば，b接点（BS2）を開いてもリレーはOFFになりません.

　接点は一瞬で開閉するわけでなく，タイムラグがありますので，a接点が開くよりb接点が開くほうが速かった場合，（a）はリレーがOFFになり自己保持が解除されますが，（b）はリレーがOFFにならず自己保持が継続します.

　なお，（a）はBS1（リレーの駆動）よりBS2（リレーの停止）を優先した回路ですので，**停止優先型自己保持回路**，（b）は，BS2を押していてもBS1を押せばリレーが駆動しますので，**駆動優先型自己保持回路**ともいいます.

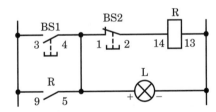

（a）リレーのコイルの直前（停止優先型自己保持回路）

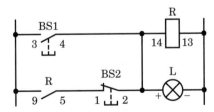

（b）リレーの接点の直後（駆動優先型自己保持回路）

図4.8　停止優先型自己保持回路と駆動優先型自己保持回路

4.2　一定時間動作回路

　次に，一定時間動作回路について説明します．これは，文字どおり，一定時間動作する回路ですので，タイマを使います．それでは，自己保持回路とタイマを使ってつくる一定時間動作回路の例題を解いてみましょう．

例題 4.5

　押しボタンスイッチを1回押すとランプが点灯し，5秒後に自動消灯するような回路を作成しなさい．なお，自己保持回路を用いてタイマの起動を制御し，タイマのモードはオンディレイで行うこと．

例題解説

　自己保持回路の基本形（図4.3，p.85）を参考にしてつくっていきます．タイマで自己保持を解除します．
　5秒数えたタイマで自己保持を解除するので，図4.9のように，図4.3の押しボタンスイッチ BS2 をタイマの b 接点に変えます．
　また，タイマのコイル用電源14，13番に電流を流すため，Rやランプと並列にタイマを接続します．
　なお，この回路は，指定した時間だけ動作を行い，1回だけ動作して停止する回路なので，**一定時間動作回路**や，**ワンショット回路**とも呼ばれます．

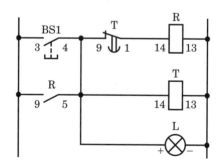

図4.9　一定時間動作回路のシーケンス図

例題 4.6

押しボタンスイッチを1回押すとランプが点灯し，5秒後に自動消灯するような回路（一定時間動作回路）の実体配線図を完成させなさい．

ただし，リレーおよびタイマの端子構成は，図4.4（p.86）と同じものとする．

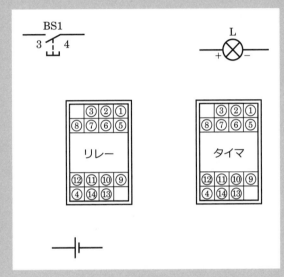

図4.10　一定時間動作回路の実体配線図

例題解説

この実体配線図は，図4.11のようになります．

一定動作回路をつくるときは，自己保持回路の基本形よりも，タイマが増えたので配線がややこしくなります．また，端子から取り出せるケーブル数が2本であることを考えて配線しないといけません．

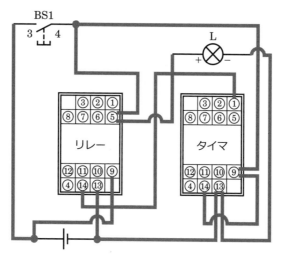

図 4.11 一定時間動作回路の実体配線図の解答例

例題 4.7

　図 4.12 のようにコンベア上の物体を光電センサが検知したら，コンベア（モータ M）を 5 秒間止める回路のシーケンス図を作成しなさい．

　なお，タイマにはオンディレイタイマを使用し，光電センサは負論理出力（検出信号が 0 V になる）とし，光電センサの電源は接続されているものとする．

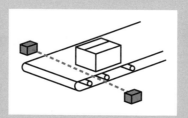

図 4.12 コンベアと光電センサ

例題解説

　センサの出力が 0 V であることに注意して，図 4.13 のように，R の右側にセンサを配置して自己保持させます．

　なお，Rの10-6は0V信号を扱い，Rの9-1は＋V信号を扱う点に注意してください．

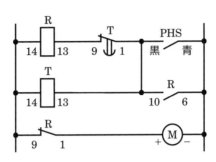

図4.13　例題4.7の解答例

4.3　インタロック回路，優先回路

　インタロック回路とは，同時に動作させないようにする回路のことです．たとえば，モータを制御するときに両方の回転方向の命令を出すと，故障してしまいますので，インタロック回路を使って制御します．

　まず，インタロックではない例として，**図4.14**のように，押しボタンスイッチBS1でL1が点灯，押しボタンスイッチBS2でL2が点灯する回路を考えてみます．このとき，BS1とBS2を同時に押すと，L1とL2の両方が点灯します．

　ここで，**図4.15**のように，2つのボタンを同時に押した場合，L2は点灯しないインタロックを考えてみます．この回路の場合，BS1を押している間はL1が

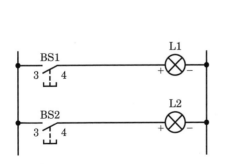

図4.14　インタロックなし

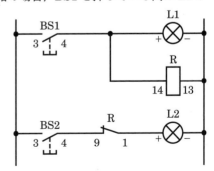

図4.15　インタロックあり

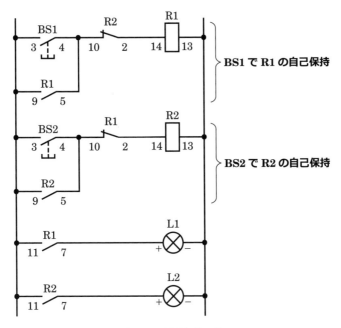

図 4.16 並列優先回路

点灯します．一方，BS2 だけを押している間は L2 が点灯します．

　そして，BS1 と BS2 の両方を押すと，BS1 によって R が ON となるので，R の b 接点（9-1 番）が開きます．そのため，BS1 と同時に BS2 が押されたとしても，L2 は消灯したままです．つまり，ボタンが同時に押されたときに，L1 を優先させて，L2 は動作させないことになります．

　インタロック回路は，このように優先順位を付けて回路を設計していくときに必要になります．回路の動作に優先順位をもたせているので，**優先回路**と呼びます．

　また，優先回路のうち，どちらか先に操作されたほうに優先度が与えられ，他の動作をロックする回路を**並列優先回路**と呼びます．TV でよく見かけるクイズの早押し判定回路がまさにこれです．

　図 4.16 に並列優先回路のシーケンス図を示します．BS1 が押されると，R1 が自己保持されます．すると，R1 が ON となったので，R1 の a 接点（11-7 番）が ON となり，L1 が点灯し続けます．一方，この状態で BS2 を押したとしても，R1 は自己保持されているので，R1 の b 接点（10-2 番）は OFF（開いたまま）

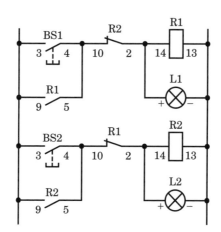

図 4.17　簡素化した並列優先回路（配線数が少ない）

となっているから，R2 が ON になることはありません．よって，BS1，BS2 の
どちらか先に押されたほうが優先されて自己保持が成立し，次の入力はロックさ
れるようになります．

　ただし，図 4.16 の並列優先回路では，リレーの 9-5，10-2，11-7 と接点を 3
つ使うので配線が複雑になります．かわりに，**図 4.17** に示すように，ランプを
リレーと並列にすれば，配線数を削減することができます．

　ちなみに，図 4.16 の R1 の b 接点（10-2）を R1 の a 接点（10-6）に変更し，
R2 の b 接点（10-2）を取り除くと，BS1 を押してから BS2 を押さなければ L2
が点灯しない回路になります．このような回路を，**直列優先回路**あるいは**順序動
作回路**と呼びます．

　最後に，**図 4.18** に，**新入力優先回路**を示します．一見，並列優先回路に似て
いますが，異なる動作を行います．つまり，BS1 を押すと R1 が自己保持されて，
L1 が点灯し続けます．しかし，BS2 を押すと，R2 のコイル 14-13 番に電流が流
れ，R2 の b 接点（10-2 番）が切れるので，R1 の自己保持回路が切断されます．

　そうすると，R1 の b 接点（10-2 番）が閉じるので，R2 が自己保持されます．
これによって，2 つの押しボタンスイッチのどちらが押されても，後から押され
たボタンの動作（新入力）が優先されるようになります．

　つまり，並列優先回路では，リレーのコイルの直前に別のリレーの b 接点で
ロックをかけていましたが，新入力優先回路ではロックがかからないようになっ

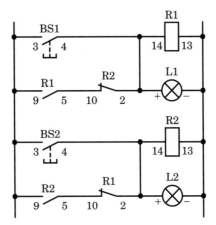

図 4.18　新入力優先回路

ています．身近な例でいうと，リモコンのスイッチなど，ロックをかけない場合に新入力優先回路は利用されています．

ﾟ**コラム** 分割設計と状態遷移図

　大規模で複雑な回路を設計する場合，すべてを一度に設計すると大変です．そのような場合は，機能ごとに回路を分割して設計し，組み合わせます．これを**分割設計**といいます．本章で説明した基本回路を知っていると，分割設計が効率よくできるでしょう．

　また，複雑な回路になればなるほど，設計で抜けがないようにすることに苦労します．したがってまず，どのような状態があって，それがどのような条件で変化するかを書き出し，それをもとに**状態遷移図**と呼ばれる図を作成します．

　そして，状態遷移図を利用しながら状態変化の規則を設計します．その後，ブール代数（p.129 参照）を利用した論理式を立てて，簡略化などをした後，現実の回路として実現します．

　このように，状態遷移図や論理式（一部は付録に記載）は，第 3 章で説明したタイムチャートとともに，シーケンス回路の設計において有用です．本書では省略しますが，詳しくは論理回路（ディジタル回路）の教科書などを参考にしてください．

章末問題

問 4.1　図 4.19 をもとに，自己保持回路（図 4.3 参照，p.85）のタイムチャートを描きなさい.

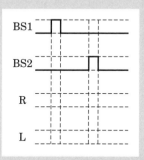

図 4.19　章末問題 4.1

問 4.2　図 4.20 をもとに，一定時間動作回路（図 4.9 参照，p.89）のタイムチャートを描きなさい．なお，R はリレーの a 接点，T はタイマの a 接点の状態を示す.

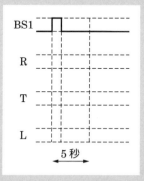

図 4.20　章末問題 4.2

問 4.3　図 4.21 をもとに，インタロック回路（図 4.15 参照，p.92）のタイムチャートを描きなさい.

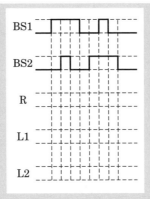

図 4.21 章末問題 4.3

問 4.4 押しボタンを押すとランプが消灯し，タイマで設定した時間だけランプが消灯する回路のシーケンス図を作成しなさい．
なお，タイマはオンディレイ，オフディレイ，インターバルの中から選び，選んだものを記入しなさい．

問 4.5 以下を実現する回路のシーケンス図を作成しなさい．
押しボタンを押すとすぐにランプ L1 が点灯し，その後 T_1 秒経過するとランプ L2 が点灯する．さらに，ランプ L2 が点灯してから T_2 秒後にすべてのランプが消灯する．

問 4.6 踏切の信号機のように，ランプ L1 とランプ L2 が 0.5 秒ごとに交互に点灯／消灯する回路のシーケンス図を作成しなさい．
ただし，押しボタンスイッチでスタートし，リセットは考えないものとする．また，タイマには 0.5 秒に設定されているオンディレイタイマを使用する．

問 4.7 図 4.22 のタイムチャートを参考に，これを実現する回路のシーケンス図を作成しなさい．
つまり，BS1 あるいは BS2 が順不同で両方押されたとき L1 が点灯し，L2 は消灯する．
BS3 が押されたとき L2 が点灯し，L1 は消灯する．
また，BS3 が押されたとき，それまでに押されていた BS1 および BS2 の記録はリセットされる．

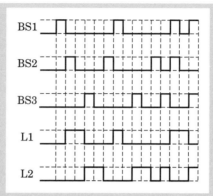

図 4.22　章末問題 4.7 のタイムチャート

問 4.8　押しボタンスイッチ 1 つのみを用いて，一度押すとランプが点灯し，もう一度押すと消灯するという動作をくり返す回路（オルタネート動作）のシーケンス図を作成しなさい．

　　　　なお，ここで押しボタンスイッチは，連動している a, b 接点をもっているものとする．

　　　　ただし，押しボタンスイッチを押したときに動作を開始してもよいし，押しボタンスイッチを押して離したときに動作を開始してもよい．離したときに開始する場合は図 4.23 のタイムチャートを参考にしなさい．

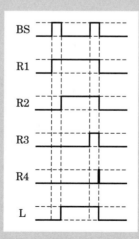

図 4.23　章末問題 4.8 のタイムチャート例

問 4.9 炊飯器の予約動作を想定して，順番どおりの操作を行う必要がある回路（順序動作回路）のシーケンス図を図 4.24 のタイムチャートを参考にして作成しなさい．
条件は，まず，炊飯器の予約設定ボタン BS1 を押す．次に，BS2 で予約時間を選択する．そして BS3 で炊飯予約を開始する．
なお，BS4 を押すと，いつでもキャンセルできるものとする．また，予約中はランプ L が点灯するものとする．

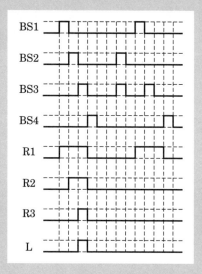

図 4.24 章末問題 4.9 のタイムチャート

問 4.10 押しボタンスイッチをくり返し押すとき，押した回数が 3 の倍数になったときにブザーが鳴る回路のシーケンス図を描きなさい．
なお，カウンタの電源は常に入っているものとし，設定値は 3 に設定されていて，端子構成は図 2.51（p.49）と同じものとする．

カウンタの
基本回路は…

これで…よし…

うーん…

このもりそば…
なんとかならないのか…

第5章

PLC による
シーケンス制御

PLC のしくみと
ラダープログラムの
作法を理解しよう！

🌸 5 PLCとは？

じゃあ最初から全部

PLCでやっちゃえばいいじゃん！

いやいやリレーシーケンス制御でしくみを理解しないとPLCも使えないから！

いうなれば、運転免許を取るまでがリレーシーケンス制御で

実際の運転がPLCだよ

なーんだ

そういうことは早く言ってください

それにね、機械をつなぐ経験をしていると配線をキレイにする工夫をするんだ…

適当につなぐと『もりそば』みたいになっちゃうからね…

同じ機能だよっ！

もりそば…！

体にはブザー

手にも
ボタンスイッチを
取り付けた…

あとは
光電スイッチを
入れて…と…

できた…
完成だ…

レーん…

……

な、なぜだ!?

押しボタンなら
うまくいったのにーっ!

前章までは，リレーを用いたリレーシーケンス制御について学んできました．リレーシーケンスはシーケンス制御を勉強するためのよい題材であり，現場でもまだまだ使われているものですが，最近の主流は，PLCを用いたシーケンス制御です．

これからの技術者としては，PLCを使いこなしたいところです．本章では，PLCを用いたシーケンス制御について説明します．

5.1　PLCの概要

(1) PLCとは

PLCは，プログラマブルロジックコントローラ（Programmable Logic Controller）の略で，リレー，タイマ，カウンタなどが組み込まれたコンピュータのことです．これを用いると，機器をいちいちつなぎ直したりしなくても，PCで行うプログラミングで制御を実行できるので，回路の変更・更新が格段に容易であり，さらに配線の数を減らすこともできます．たとえば，PLCに接続してあるa接点のスイッチを，PLC内部でa接点として動作させるか，あるいはb接点として動作させるかを，プログラムを書き換えるだけで変更できます．また，複数のリレーをPLCの中で同時に使うことができるので，リレーシーケンスで実装が困難な大規模な回路でも簡潔に組むことができるようになります．

図5.1にPLCの外観図，**図5.2**にPLCの構造図を示します．PLCは，入力端子，出力端子，CPU，メモリで構成されています．そして，スイッチ，センサなどの信号を入力端子で受けると，あらかじめメモリに記憶されているプログラムにもとづいて，CPUが入力情報にしたがって判断を行い，出力端子に接続

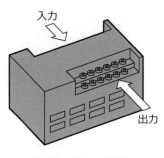

図5.1　PLCの外観図

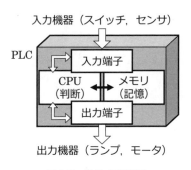

図5.2　PLCの構造図

されているランプやモータを制御します.

PLC内部には, 商品によって異なりますが, ベーシックなものでも, 2^{12}個 (4,096個) ものリレー, タイマ, カウンタが内蔵されていますので, まさにこれらの機器を使いたい放題, 使うことができます. ただし, 入力機器と出力機器の分だけ, 配線が必要となります.

(2) PLCのメーカーと仕様の違い

なお, PLCメーカーは国内だけでも10社以上あり, 三菱電機 (株), オムロン (株), 富士電機 (株), 横河電機 (株), (株) キーエンスなどで製造されています. 特に, 日本国内では三菱電機製が最も多く使われているため, 三菱電機のPLCの商品名である「シーケンサ」にちなんで, PLCのことをシーケンサと呼ぶ人もいます. 一方, 最近では海外メーカーであるRockwell Automation (ロックウェル・オートメーション) 社, Siemens (シーメンス) 社, Schneider Electric (シュナイダーエレクトリック) 社の製品も増えています. そこで問題になるのが, PLCが各社で独自に製品開発されている関係で, PLCの機能やプログラミングソフトウェアの操作方法が異なる点です. また, プログラミングでも, ラダー命令の仕様や名称, ラダー図記号などが各社で多種多様です. 国際規格 (IEC 61131-3) や国内規格 (JIS B 3503) にて標準化が進められていますが, 一度各メーカーのPLCの概要を調べておくとよいでしょう.

以下では, PLCの例として, オムロン製のCP1L-L14DR-D (以下, CP1Lと呼ぶ) を説明していきます. 図5.3に, PLCの上面から見た図を示します. 図上部に入力端子台, 下部に出力端子台が付いています. また, 中央左側にあるUSB接続端子にUSBケーブル (ABタイプ) を差し込むことでPCと接続でき, プログラムを書き込むことができます.

次に, 表5.1にCP1Lの仕様を示します. 入力リレーは8点, 出力リレーは6点, 内部補助リレーは8,192点となっています. そして, これらのリレーごとにアドレスと呼ば

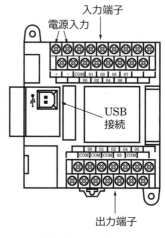

図 5.3 PLC上面

れる番号が付いています.

アドレスとは，そのリレーの場所
を示す番号です．CP1Lでは入力端
子は0 ch，出力端子は100 chとあ
らかじめ決められています．

(3) 入力端子台

図5.4に入力端子台の拡大図を示
します．入力端子台は，スイッチや

表5.1　CP1Lの主な仕様

機　能	点　数	アドレス
入力リレー	8点	0.00 ～ 0.07
出力リレー	6点	100.00 ～ 100.05
内部補助 リレー	8,192点	W0.00 ～ W511.15
タイマ	4,096点	T0 ～ T4095
カウンタ	4,096点	C0 ～ C4095

センサなどの入力機器を接続し，それらのON／OFF情報を取り込む部分です．
また，PLC本体の電源も，＋，－として入力端子台に入力することになります．

CP1Lでは，入力端子は0 chと決まっているので，アドレスは0.xxとなり
ます．ここで，xxは接続する端子ごとに割り振られた数字（ビット）です．上
部の段が，左から電源の＋，電源の－，COM，01，03，05，07となっており，
下部の段は，図中に示すように，00，02，04，06となっています．図5.4の例
ではビットが01および06なのでアドレスは0.01および0.06となります．

次に，入力端子0.00 ～ 0.07とCOMの関係について説明します．この
COM端子は，入力端子0.00 ～ 0.07すべてと共通の端子になっています．例
として，**図5.5**に示すようにCOMに電源の＋Vを接続し，a接点を電源の0V
とアドレス0.05に接続したとします．すると，入力端子部分の内部構造は
フォトカプラ（電気信号を光に変換し再び電気信号へ戻す機器）となっているの
で，COMと端子0.05に「電位差が生じること」で入力がONと判断されます．

よって，COM側が＋Vであってもフォトカプラは動作し，反対に端子0.05側

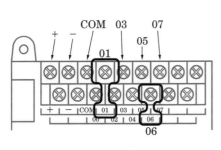

図5.4　入力端子台

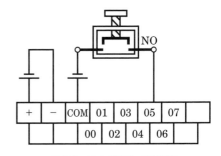

図5.5　入力端子台の接続例

が＋Vであっても動作します．ただし，負論理（0 V 出力）の近接スイッチや光電スイッチを使う場合は，COM を＋V にする必要があるので注意してください．

（4）出力端子台

　図 5.6 に，出力端子台の拡大図を示します．出力端子台は，ランプやモータなどの出力機器を接続し，処理結果を外部出力するところです．CP1L では出力端子は 100 ch と決まっているので，アドレスは 100.xx となります．

　図 5.7 に示すように，PLC は内部出力リレー 100.03 を ON とすることでCOM と端子 03 を導通させる機能をもっています．このため，COM 端子に接続する電圧および方向は，PLC に接続するモータなどの出力機器に依存します．

　なお，入力端子台の COM は 1 つだけでしたが，出力端子台の COM は図 5.8 に示すように出力端子ごとに個別となっています．さらに，端子台に書かれている表示をよく見ると，太い線で区切られています．この理由は，出力端子に接続する機器が DC 24 V 駆動であったり，AC 100 V 駆動であったりと，それぞれ機器ごとに異なった条件で電力供給が求められますので，これに対応するためです．

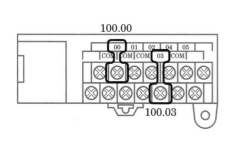

図 5.6　出力端子台

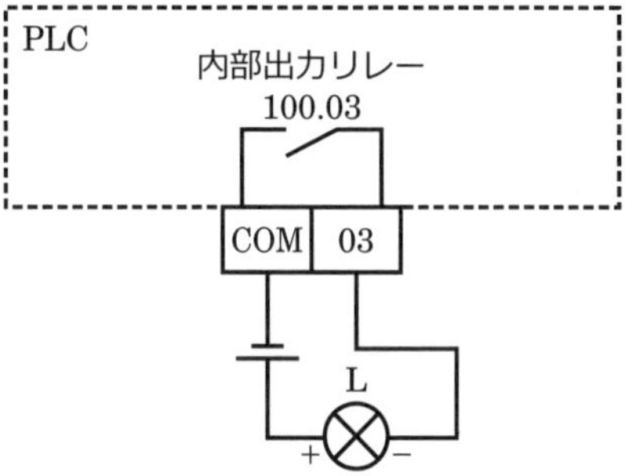

図 5.7　出力端子台の接続例

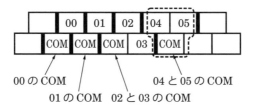

図 5.8　出力端子と COM の関係

5.2 ラダー図

さて，PLCにプログラミングするときには，シーケンス図のかわりに**ラダー図（ラダープログラム）**というものを用います．ラダーとは「はしご」という意味で，はしご状に図面を描いていくことになります．

表5.2に，主なシーケンス図とラダー図における図記号の違いをまとめていますが，ほぼ似ていますので，そこまでの違和感はないと思います．

ただし，PLCのソフトウェアによっても，図記号の一部が異なります．たとえば，**図5.9**，**図5.10**に示すように，オムロンと三菱電機でb接点とリレーの図記号が異なります．

また，図記号には記号を付けますが，これも**表5.3**に示すように，オムロンと三菱電機で異なります．オムロン形式では，アドレスがチャネルとビットに分かれています．

ラダー図の入力方法や記号等は，使用するソフトウェアによって異なりますので，詳しくは各社のマニュアルを参照してください．

表5.2　シーケンス図とラダー図における図記号の違い

	a接点	b接点	リレーコイル	タイマ，カウンタ
シーケンス図	⌐	⌐	ロ	ロ
ラダー図	─┤├─	─┤／├─	─○─	□

(a) オムロン

(b) 三菱電機

図5.9　b接点

表5.3　各社での記号の違い

	オムロン	三菱電機
入力リレー	I：0.00	X00
出力リレー	Q：100.00	Y00
補助リレー	W0.00	M0
タイマ	T0	T0
カウンタ	C0	C0

(a) オムロン

(b) 三菱電機

図5.10　リレーのコイル

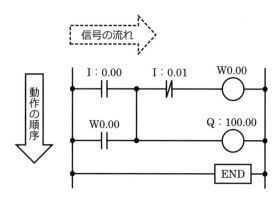

図 5.11 信号の流れと順序

　ラダープログラムの演算順序は，左から右に向かって進み，上から下へ進んで
いきます．**図 5.11** は自己保持回路のラダー図で，詳細は後述します．そして，
プログラムの最後には，終端記号の END を記入します．PLC プログラムは，
END まで進むと，また最初の命令に戻り，処理をくり返します．

(1) タイマの使用例

　次に，オムロン形式のタイマの使用例を
説明します．プログラム上で，タイマを入
力すると，TIM と表示されます．続いて，
タイマ番号を入力し，設定時間を決めます．
設定時間は 100 ms 単位なので，**図 5.12**
は，オンディレイタイマ T0001 番が 5 秒
で設定されていることになります．した
がって，このタイマに入力を加え続ける
と，5 秒後に T0001 番の a 接点が ON と
なり，b 接点が OFF となります．

　また，基本的にタイマに入力を加え続け
るので，別途，自己保持回路が必要である
ことにも注意してください．タイマの接点
を使うには，**図 5.13** のようにタイマ番号
と各接点記号を使います．

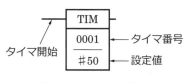

図 5.12 タイマの設定

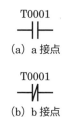

図 5.13 タイマの接点

(2) カウンタの使用例

カウンタも，タイマと同様に，カウンタ番号を入力し，設定値を決めます．**図5.14** の CNT は減算カウンタ（ダウンカウンタ）です．図5.14 の場合なら，設定した 10 からカウントダウンしていきます．つまり，10 回のカウント入力を与えてカウント数が 0 になるとアドレス C0000 の a 接点が ON となり，逆に C0000 の b 接点は OFF となります．

なお，リセット入力のための端子が中段にあり，使用しない場合でもプログラム上で配線する必要があります．

また，**図5.15** の CNTR は加減算カウンタ（アップダウンカウンタ）です．こちらは，カウントアップ信号を入力して，設定値を超えるとアドレス C0000 の a 接点が ON となり，逆に C0000 の b 接点は OFF となります．

ただし，CNT と違って，CNTR はカウント数が設定値を超えるとオートリセットされます．つまり，図5.15 の場合なら，現在のカウント数が 0 であったとすれば，6 回のカウントアップ信号を与えると設定値の 5 回を超えるので，カウント数が 0 になり，C0000 の a 接点が ON となります．この状態で，さらにカウントアップ信号を入力するとカウント数が 1 となり，C0000 の a 接点は OFF となります．なお，カウントダウン信号を与えると，それまでカウントした数字を減らすことができます．

こちらも CNT と同様に，使用しない入力端子があってもプログラム上で配線する必要があります．

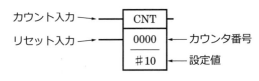

図5.14　カウンタの設定

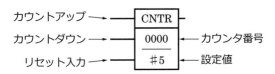

図5.15　加減算カウンタの設定

5.3 基本回路

第3章で学習した NOT 回路をラダー図で描いてみましょう.

例題 5.1

常にランプ（100.00 に接続）が点灯し，押しボタンスイッチ（0.00 に接続）を押している間のみ消灯する回路（NOT 回路）のラダー図を作成しなさい.

例題解説

ラダー図は**図 5.16** となります.

0.00 に接続された押しボタンスイッチに対応して，b 接点が動作し，100.00 に接続されたランプが消灯します.

このとき，PLC の入力端子には，押しボタンスイッチによって電位差が与えられたことを入力されたと判断するため，a 接点を使用します. 押しボタンスイッチは a 接点ですが，プログラム上で b 接点として動作させることができます.

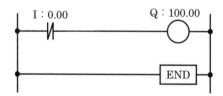

図 5.16 例題 5.1 のラダー図

115

例題5.2

図5.17をもとに，例題5.1の実体配線図を完成させなさい．
なお，PLCの電源とランプに必要な電圧は同じとする．

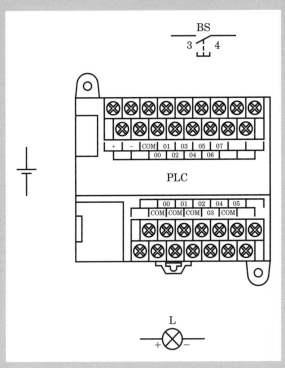

図5.17　例題5.2の実体配線図

実体配線図は，図5.18となります．

図のように，入力側では，入力のCOMと電源のプラス側，入力の端子00とBSの端子3，BSの端子4と電源のマイナス側をそれぞれ接続します．なお，押しボタンスイッチは極性がないので，入力のCOMと電源のマイナス側，BSの端子4と電源のプラス側を接続してもかまいません．

対して，出力側では，出力のCOMと電源のプラス側，出力の端子00とLの＋，Lの－と電源のマイナス側をそれぞれ接続します．ランプは極性に気をつける必要がありますので，もしCOMを電源のマイナス側に接続する場合は，Lの＋を電源のプラス側，Lの－を出力の端子00に接続しましょう．

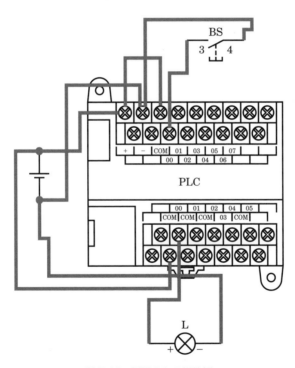

図 5.18 例題 5.2 の解答例

続いて，自己保持回路をラダー図で描いてみましょう！

例題 5.3

押しボタンスイッチ BS1（0.00）を 1 回押すとランプ（100.00）が点灯し続け，別の押しボタンスイッチ BS2（0.01）を押すと消灯する回路（自己保持回路）のラダー図を描きなさい．

例題解説

内部補助リレー W0.00 を使えば，図 5.19 のように実現できます．すなわち，0.00 が ON になると，内部補助リレー W0.00 が ON となり，W0.00 の a 接点が閉じるので，それにより W0.00 が自己保持されます．

そして，100.00 が点灯し続けることになり，BS2（0.01）が押されると自己保持が切断されます．

なお，出力端子 100.00 の内部出力リレーを用いて自己保持することもできます．

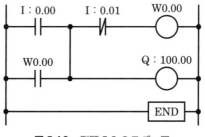

図 5.19 例題 5.3 のラダー図

例題 5.4

第 3 章で学習した横断歩道の押しボタン式信号機のタイムチャート（**図 5.20**）を参考に，ラダー図を描きなさい．

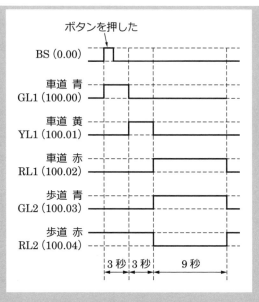

図5.20 信号機のタイムチャート

例題解説

図 5.21（次ページ）に沿って解説します．

① （a）では，押しボタンスイッチが押される前の状態なので，車道用青信号（GL1）と歩行者用赤信号（RL2）が点灯している．

② （b）では，押しボタンスイッチが押されると W0.00 によって自己保持が行われる．タイマ 0000 が起動し 3 秒間，時間を計る．

③ （b）から 3 秒後の，（c）では，T0000 の a 接点が ON となり，タイマ 0001 が起動し 3 秒間，時間を計る．その間，タイマ 0001 の b 接点とつながっている車道用黄信号（YL1）が点灯する．T0000 の b 接点は OFF（開く）となるので，車道用青信号（GL1）は消灯する．

④ （c）から 3 秒後の，（d）では，T0001 の a 接点が ON となるので，タイマ 0002 が起動し 9 秒間，時間を計る．同時に，車道用赤信号（RL1）および歩行者用青信号（GL2）が点灯する．T0001 の b 接点が OFF（開く）となるので，歩行者用赤信号（RL2）は消灯する．

⑤ （d）から 9 秒後は，T0002 の b 接点が OFF（開く）となるので，W0.00 の自己保持が解除され，（a）の初期状態に戻り，押しボタンスイッチが押されるまで待機する．押しボタンスイッチが押されれば，同じ動作がくり返される．

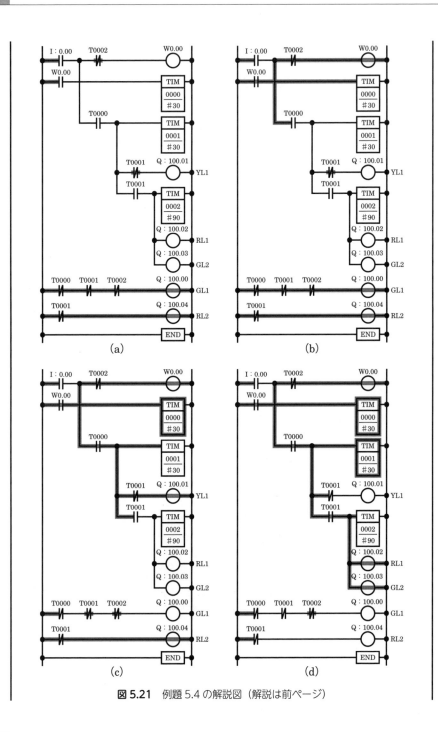

図 5.21 例題 5.4 の解説図（解説は前ページ）

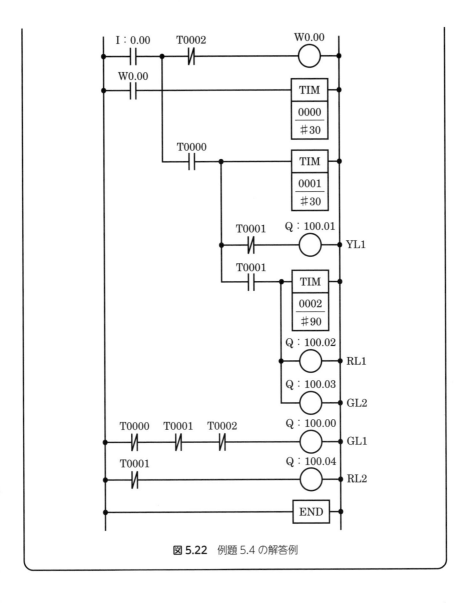

図 5.22 例題 5.4 の解答例

コラム ラダー図では上から下に1行ずつ実行される

リレーシーケンスは，電気回路ですので，各機器は同時に作動します．しかし，PLCシーケンスでは，それをラダー図（ラダープログラム）としてコンピュータ内に実装します．

ラダー図は上から下に1行ずつ実行されていきますので，上下を入れ替えると動作が変わってしまう場合もあります．たとえば**図5.23**をみてみましょう．

（a）では，1行目で0.00がONになると，W0.00がONになり，2行目でW0.01がONになります．しかし，3行目では，W0.00とW0.01がともにONなので，W0.02はONになりません．

これに対して，（b）では，W0.00がONになると，2行目でW0.01はONになっていませんので，W0.02がONになります．ただし，3行目でW0.01がONになると，次のターンではW0.02がOFFになります．

このように，ラダー図の順序によって，内部の動作に違いが生じますので，注意が必要です．

なお，外部機器に接続する出力端子の状態は一度に切り換えられるのが一般的です．この方式を**リフレッシュ方式**といいます．対して，出力端子の状態をプログラムの途中で切り換える**ダイレクト方式**というものもあります．

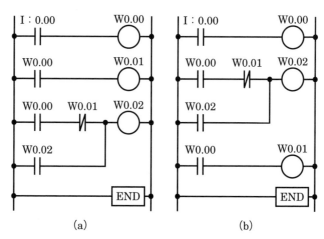

(a) (b)

図5.23 ラダー図の処理順序の違い

章末問題

問 5.1 PLC の特徴を説明しなさい.

問 5.2 押しボタンスイッチ（0.00）を一度押すとランプ（100.00）が点灯し, 5 秒後に自動消灯するような回路（一定時間動作回路）のラダー図を作成しなさい.

問 5.3 踏切の信号機のようにランプ（100.00）とランプ（100.01）が 0.5 秒ごとに交互に点灯／消灯する回路のラダー図を作成しなさい.
ただし, 押しボタンスイッチ（0.00）でスタートし, リセットは考えないものとする.

問 5.4 光電センサ（0.00）の反応数が 100 回に達すると, ブザー（100.00）を 3 秒鳴らす回路のラダー図を作成しなさい.
なお, ブザーを鳴らした後は, カウント数をリセットするものとする.
また, はじめから光電センサの電源は入っているものとする.

問 5.5 ボタン（0.00）を押したときに, 3 の倍数でランプ（100.03）が 1 秒間だけ点灯し, 5 の倍数でブザー（100.05）が 1 秒間だけ鳴る回路のラダー図を作成しなさい.
なお, カウンタの初期値は 0 になっているものとする.

問 5.6 次のような, エレベータの行き先階のキャンセル回路のラダー図を作成しなさい.
・ボタンを押すとランプが点灯する.
・ボタンを 2 回連続（3 秒以内）で押すとランプが 6 秒間点滅する.
・点滅している間にもう一度ボタンを押すとランプが消灯する.

ピクッ

あっ！

動いたー！

やったぁー!!

それで、それで
どんなロボなの？

ドキドキ

…見ててくださいね！

センサの前に
手をかざすと

カウンタが
カウント
アップ！

かざす回数が
3の倍数の時に
ランプが点灯し

ビカー

5の倍数
のときに
ブザーが鳴る！

ブー

127

Memo

付録　ブール代数

　「スイッチが入ったか，入っていないか」あるいは「信号があるか，ないか」
のように，2つの状態（2値）を表す変数を**2値変数**と呼び，入出力が2値変数
の回路を**論理回路**と呼びます．

　この論理回路の演算を，代数学を使って記号化する方法を**ブール代数**と呼びま
す．AND，OR といった論理回路は，ブール代数を用いると，論理式の変形な
どがわかりやすくなります．

A.1　ブール代数とシーケンス制御

　たとえば，2つのボタンのどちらか一方でも押されたらランプが点灯する回路
（OR 回路）のシーケンス図を考えます（**図 A.1**）．

　入力が2つなら，入力のとりうるすべての組み合わせは 2×2 で4通りです．
もし，入力が n 個なら 2^n 通りになります．このとき，OR 回路のボタンとラン
プの関係（入出力の関係）は，
表 **A.1** のようになります．この
ような入力すべての組み合わせに
対する出力値を記した表を**真理値
表**と呼びます．通常，2値の論理
回路では，High ／ Low（H ／ L）
の2値，あるいは，0／1の2進
数で表現されます．つまり，真を
1，偽を0で表現すれば，ON・
点灯は真 (1)，OFF・消灯は偽 (0)
と表現できます．そのように，0, 1
で OR を表現すると**表 A.2**のよ
うになります．

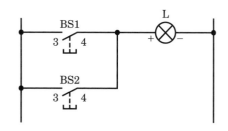

図 A.1　OR 回路のシーケンス図

表 A.1　入出力の関係

BS1	BS2	L
OFF	OFF	消灯
OFF	ON	点灯
ON	OFF	点灯
ON	ON	点灯

表 A.2　OR の真理値表

BS1	BS2	L
0	0	0
0	1	1
1	0	1
1	1	1

　また，AND，OR，NOT といった論理式を，**表 A.3** のように AND をドット記号，OR をプラス記号，NOT をバー記号で表現することもできます．なお，ここで A，B は入力変数を表しています．

　第 3 章で出てきた NAND 回路は，AND 回路の反転（NOT）なので，表 A.3 を応用すれば $\overline{A \cdot B}$ のように表現することができます．

　ブール代数の演算法則を**表 A.4**，**表 A.5**，**表 A.6** に示します．なお，<u>演算は（ ），NOT，AND，OR の順を優先して計算します</u>．

表 A.3　論理式の表し方

AND	OR	NOT
$A \cdot B$	$A + B$	$\overline{A}$

表 A.4　AND に関する式

$0 \cdot 0 = 0$	$1 \cdot 0 = 0$
$A \cdot 0 = 0$	$A \cdot \overline{A} = 0$
$A \cdot 1 = A$	$A \cdot A = A$

表 A.5　OR に関する式

$0 + 0 = 0$	$1 + 0 = 1$
$A + 0 = A$	$A + \overline{A} = 1$
$A + 1 = 1$	$A + A = A$

表 A.6　ブール代数の演算法則・定理

否　定	$\overline{0} = 1$
	$\overline{\overline{A}} = A$
交換則	$A + B = B + A$
	$A \cdot B = B \cdot A$
結合則	$A + (B + C) = (A + B) + C$
	$A \cdot (B \cdot C) = (A \cdot B) \cdot C$
分配則	$A \cdot (B + C) = A \cdot B + A \cdot C$
	$A + (B \cdot C) = (A + B) \cdot (A + C)$
吸収則	$A + A \cdot B = A$
	$A \cdot (A + B) = A$
ド・モルガンの定理	$\overline{A \cdot B} = \overline{A} + \overline{B}$
	$\overline{A + B} = \overline{A} \cdot \overline{B}$

A.2　3人て多数決を行う回路の例

　ブール代数の計算が，シーケンス回路を
つくるとき，どのように役立つのかを例題
でみてみましょう．以下では「3人で多数
決を行う回路」を構成していきます．

　このとき入力は3人なので，A，B，C
とし，多数決の結果は1つなのでXとし
ておき，真理値表を書くと**表A.7**となり
ます．

　次に，この表を満たす論理式を，**主加法
標準形**という手法で立てていきます．ま
ず，出力Xが1となるところに注目しま
す．

表A.7　3人の多数決回路の真理値表

A	B	C	X
0	0	0	0
0	0	1	0
0	1	0	0
0	1	1	1
1	0	0	0
1	0	1	1
1	1	0	1
1	1	1	1

　たとえば，$A = 0$，$B = 1$，$C = 1$のとき，$X = 1$です．つまり，Aが0（偽），
かつ，Bが1（真），かつCが1（真）のとき，Xが1（真）であるから，それ
を式で表現するなら

$$X = \overline{A} \cdot B \cdot C$$

となります．

　同様に，他のXが1となるところにも注目すれば，

$$\begin{cases} X = A \cdot \overline{B} \cdot C \\ X = A \cdot B \cdot \overline{C} \\ X = A \cdot B \cdot C \end{cases}$$

が得られます．

　上の4つの式，どれか1つでも満たせば，Xが1ですから，真理値表すべて
のパターンを満たす式はORで結べばよいことになります．よって，

$$X = \overline{A} \cdot B \cdot C + A \cdot \overline{B} \cdot C + A \cdot B \cdot \overline{C} + A \cdot B \cdot C$$

となります．その真理値表を満たす式を，各種法則を用いて簡単化していきます．

$$X = \overline{A} \cdot B \cdot C + A \cdot \overline{B} \cdot C + A \cdot B \cdot \overline{C} + A \cdot B \cdot C$$
$$= \overline{A} \cdot B \cdot C + A \cdot \overline{B} \cdot C + A \cdot B \cdot \overline{C} + A \cdot B \cdot C + A \cdot B \cdot C + A \cdot B \cdot C$$
$$= (\overline{A} \cdot B \cdot C + A \cdot B \cdot C) + (A \cdot \overline{B} \cdot C + A \cdot B \cdot C) + (A \cdot B \cdot \overline{C} + A \cdot B \cdot C)$$
$$= (\overline{A} + A) \cdot B \cdot C + A \cdot (B + \overline{B}) \cdot C + A \cdot B \cdot (C + \overline{C})$$
$$= B \cdot C + A \cdot C + A \cdot B$$
$$= A \cdot B + B \cdot C + C \cdot A$$

このように簡単化できれば，多数決の結果 X は A と B の AND 回路，B と C の AND 回路，C と A の AND 回路，そして，それら 3 つの OR 回路とわかります．この回路をシーケンス図で描けば，**図 A.2** のようになります．BS1 が A，BS2 が B，BS3 が C に対応しています．ただし，BS1，BS2，BS3 はそれぞれ 2 回出てくるので，2 極スイッチを使うなどの工夫が必要です．

なお，もう少しこの回路は簡単にすることもできます．考えてみてください．

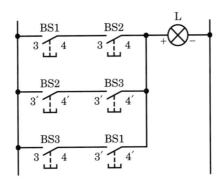

図 A.2 3 人の多数決回路のシーケンス図

章末問題解答例

第1章

問 1.1 シーケンス制御は，複数の動作を「命令や条件」をもとに切り替え，そして，各動作の「順序」をあらかじめ決められているとおりに実行するものです．一方，フィードバック制御は，結果をみて次の行動を決定するものです．
シーケンス制御は静的な制御ですが，フィードバック制御は制御対象の動特性に注目した動的な制御です．

問 1.2 商品の金額分のお金を入れると，購入可能な商品のランプが点灯します．点灯しているランプに対応する押しボタンスイッチを押すと，商品が取り出し口に移動し，点灯していたランプがすべて消灯します．
ただし，点灯していないランプに対応する押しボタンスイッチを押しても何も起こりません．おつりがある場合はお金が返却されます．
さらに，おつりレバーを回すと，投入したお金がすべて返却され，点灯していたランプがすべて消灯します．
また，押しボタンスイッチを2つ以上同時に押したとしても，どれか1つのみに反応するようになっており，複数の商品を同時に取り出すことはできません．

問 1.3 押しボタンスイッチなどの**命令用装置**の情報と，センサなどの**検出用装置**の情報を用いて**制御回路**を動作させます．
制御回路では，リレーや PLC を用いて目的に合った機能が実行されます．そして，制御回路によってモータなどの**駆動用装置**を操作し，現在の状態をランプなどの**表示用装置**で表示します．

問 1.4 リレーシーケンス制御の利点は，小規模であれば安価に構築できる，テスターさえあれば保守ができる，といった点です．
一方で，欠点は有接点のため開閉回数の寿命がある，複雑な動作の実現や動作の変更が困難という点です．
対して，PLC シーケンスの利点は，無接点のため接点の寿命がない，多くの入出力装置の接続が可能で，大規模な回路や複雑な動作を実現しやすい，回路の小型化が可能，といったことがあげられます．
一方で，欠点はリレー回路と比較して，ノイズによる誤動作が発生しやすい，PLC のシステムソフトウェアのバグの可能性がある，回路の実装やメンテナンスに PLC メーカーによって異なる専用ツールが必要になるなどです．

第2章

問2.1 a接点は，押していない状態で接点が開いており，押したときに接点が閉じる接点構成である．
b接点は，押していない状態で接点が閉じており，押したときに接点が開く接点構成である．

問2.2 モーメンタリ動作は，スイッチを操作しているときだけ接点の接続状態が切り換わり，操作を止めると自動的に操作前の状態に復帰する動作である．
オルタネート動作は，スイッチの操作後に自動的には操作前の状態に戻らず，接続状態が保持される．もう一度，スイッチを操作するともとの状態に復帰する動作である．

問2.3 リレーとは，入力信号を受け取って，内部スイッチをON／OFFすることで，出力となる外部機器の操作を行う装置のことである．入力部と出力部が電気的に分離している点が特徴といえる．これにより，小電流の入力信号で，大電流の出力を開閉することができる．また，直流の入力信号で，交流の出力の開閉をすることもできる．
そのほかにも，4極リレーであれば，1つの入力信号で4つのスイッチの開閉を行うことができるなど，リレーの利用方法は多岐にわたる．

問2.4 オンディレイタイマは，コイル電源に電圧が印加されたときから時間を計り始めて，設定した時間が経過した後に接点を切り換える動作が行われる．
オフディレイタイマは，コイル電源に電圧が印加されなくなってから時間を計り始めて，設定した時間が経過した後に接点を切り換える動作が行われる．

問2.5

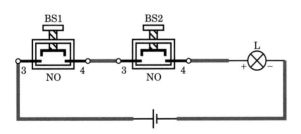

図 Ans.1 章末問題 2.5 の解答例

問 2.6

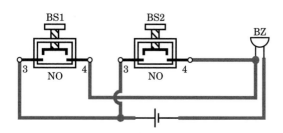

図 Ans.2 章末問題 2.6 の解答例

問 2.7

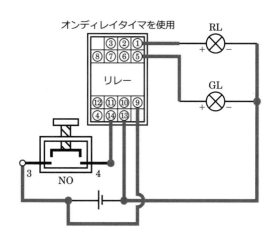

図 Ans.3 章末問題 2.7 の解答例

問 2.8

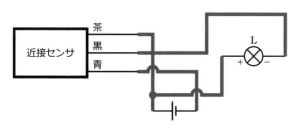

図 Ans.4 章末問題 2.8 の解答例

第3章

問3.1

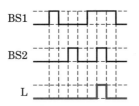

図 Ans.5 章末問題 3.1 (a)
の解答例

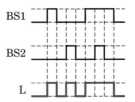

図 Ans.6 章末問題 3.1 (b)
の解答例

問3.2 （1）

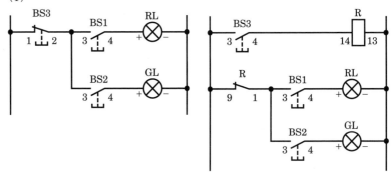

図 Ans.7 章末問題 3.2 (1) の解答例 1 　 **図 Ans.8** 章末問題 3.2 (1) の解答例 2

　図 **Ans.8** のように，b 接点の BS3 の代わりに，a 接点の BS3 とリレーを用いても構築することができます.

（2） 　　　　　　　　　　　　　（3）

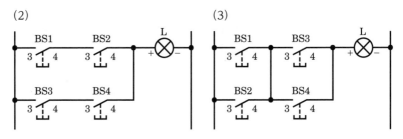

図 Ans.9 章末問題 3.2 (2) の解答例 　　 **図 Ans.10** 章末問題 3.2 (3) の解答例

(4)

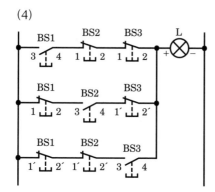

図 Ans.11 章末問題 3.2（4）の解答例

(5)

図 Ans.12 章末問題 3.2（5）の
解答例

BS1 を使うとすると，**図 Ans.12** のように
なります．

ただし，BS1 を省略して簡略化すること
ができます（付録〔p.129 ～ 132〕参照）．

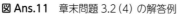

問 3.3

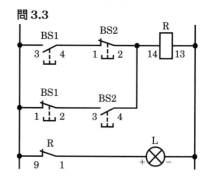

図 Ans.13 章末問題 3.3 の解答例

第 4 章

問 4.1

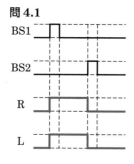

図 Ans.14 章末問題 4.1
の解答例

問 4.2

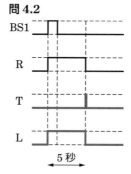

5 秒

図 Ans.15 章末問題 4.2
の解答例

問 4.3

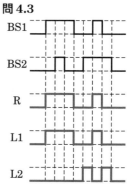

図 Ans.16 章末問題 4.3
の解答例

問 4.4

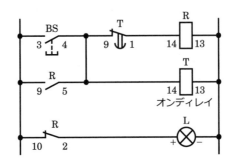

図 Ans.17 章末問題 4.4 の解答例

［補足］インターバルを選んだ場合は，自己保持の解除に T の a 接点を使う．さ
らに，L の切断には R の b 接点ではなく，T（インターバル）の b 接点
でもよい．

問 4.5

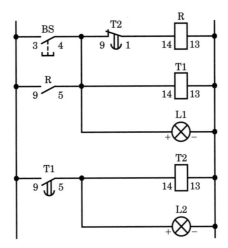

図 Ans.18 章末問題 4.5 の解答例

問 4.6

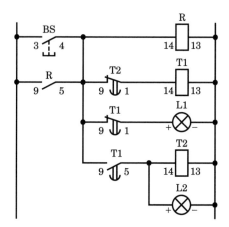

図 Ans.19　章末問題 4.6 の解答例

問 4.7

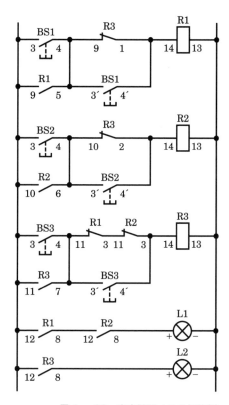

図 Ans.20　章末問題 4.7 の解答例

［補足］　この解答例では，BS1, BS2, BS3 をそれぞれ 2 回使用し，別の信号を取り扱っているので，2 極スイッチを使う必要がある．もし 1 極で行うなら，リレーを多用して，**図 Ans.21** の別解のようにすることもできる．

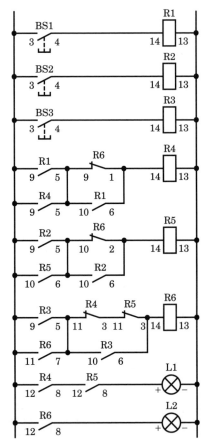

図 Ans.21　章末問題 4.7 の解答例 2

問 4.8

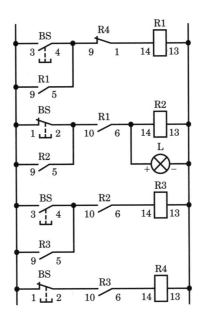

図 Ans.22 章末問題 4.8 の解答例

図 Ans.23 (a) のように，一度目の BS が押されたとき，R1 が自己保持する．この状態で BS を離すと，BS の b 接点が閉じるので，(b) のように，R2 が自己保持する．そして，R2 に並列に接続されたランプが点灯し続ける．

次に，(c) のように，二度目の BS が押されたとき，R3 が自己保持する．この状態で BS を離すと，BS の b 接点が閉じるので，(d) のように，R4 のリレーが ON となる．

そして，1 段目の R4 の b 接点が開くので，R1 の自己保持が解除され，次に R2 の自己保持が解除され，そして，R3 の自己保持が解除される．

すると，R2 の自己保持が解除されたので，ランプは消灯し続ける．続いて，R3 の自己保持が解除されると，R4 も OFF となり，最終的に初期状態に戻る．

少し複雑ですが，このようにして，押して離した後も ON が保持され，もう一度押すと OFF になるという，オルタネート動作が構築できます．説明をわかりやすくするため，BS の a 接点と b 接点を二度使いましたが，実際は工夫すれば，もう少し配線は少なくなります．

また，リレーシーケンスではなく，第 5 章で習う PLC を用いると，もっと楽に構築できるようになります．

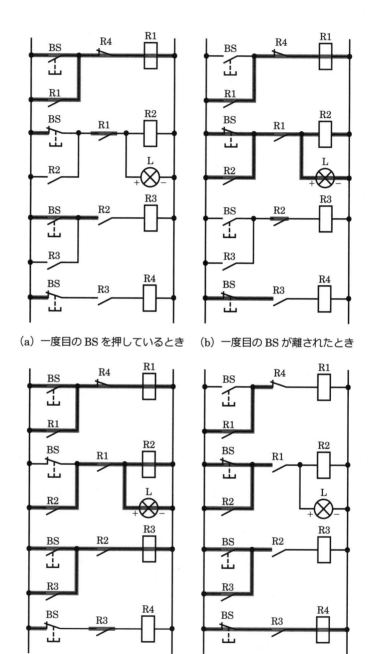

（a）一度目の BS を押しているとき　（b）一度目の BS が離されたとき

（c）二度目の BS を押しているとき　（d）二度目の BS が離されたとき

図 Ans.23　章末問題 4.8 の解答例の解説

［別解］　押しボタン BS を 1 個だけにして
リレーで構成した場合は**図 Ans.24**
のようになります．この場合，押
しボタンスイッチを押したときに
動作が開始します．つまり，一度
目の BS を押したときに点灯し，
二度目の BS を押したときに消灯
します．

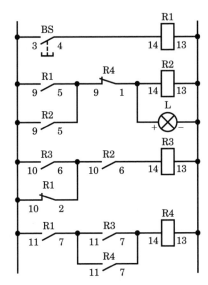

図 Ans.24　章末問題 4.8 の解答例 2

図 Ans.25 (a) のように，一度目の BS が押されたとき，R1 が ON となり，
それによって R2 が自己保持します．次に，(b) のように，一度目の BS が離
れたとき，R1 が OFF となり，それによって R1 の b 接点が閉じるので，R3
が自己保持します．

次に，(c) のように，二度目の BS が押されたとき，はじめは R3 の a 接点が
閉じているので，R4 が ON となり，R4 の b 接点が開くので，R2 の自己保
持が解除され，R3 の自己保持が解除されます．なお，R3 の a 接点は開きま
すが，BS1 が押されている間は，R4 は ON になっています．

そして，(d) のように，二度目の BS が離れたとき，R1 が OFF となるので，
R4 が OFF となり，初期状態に戻ります．

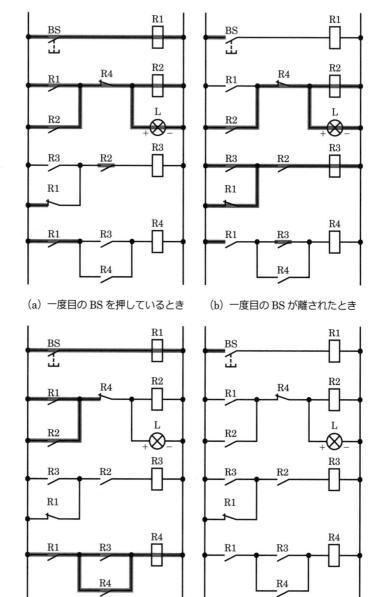

（a）一度目の BS を押しているとき

（b）一度目の BS が離されたとき

（c）二度目の BS を押しているとき

（d）二度目の BS が離されたとき

図 Ans.25 章末問題 4.8 の解答例 2 の解説

問 4.9 はじめに BS2 や BS3 を押しても，R1 が入っていなければ何も動作しません．一方，はじめに，BS1 を押すことで R1 が自己保持します．

この状態で BS2 を押せば，R2 が自己保持します．次に，BS3 を押せば R3 が自己保持します．

そして，BS4 を押せば，R1 の自己保持が解除されるので，そうすると R2 の自己保持が解除され，さらに R3 の自己保持も解除されていきます．

よって，BS1，BS2，BS3 の順番どおりに押していかないと動作しないので，**図 Ans.26** によってインタロック回路を応用した順序動作回路が実現できます．

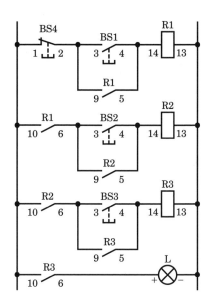

図 Ans.26 章末問題 4.9 の解答例

問 4.10

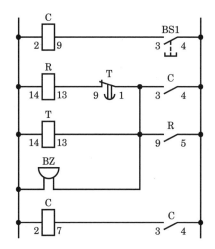

図 Ans.27 章末問題 4.10 の解答例

第5章

問5.1 PLCは，リレー，タイマ，カウンタなどが組み込まれたコンピュータである．入出力機能に優れており，各種センサやスイッチからの入力を受け付け，モータやリレー，ソレノイドといった出力機器を制御することができる．
PLCを用いると，プログラミングで制御を実行できるので，回路の変更・更新が容易であるという利点がある．

問5.2

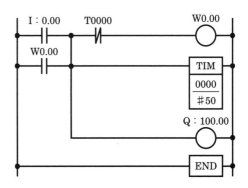

図 Ans.28　章末問題5.2の解答例

問5.3

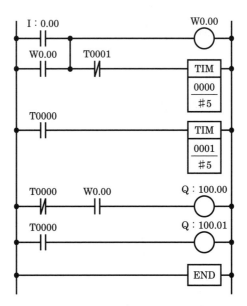

図 Ans.29　章末問題5.3の解答例

問 5.4

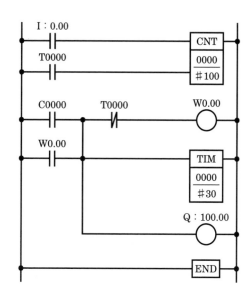

図 Ans.30　章末問題 5.4 の解答例

問 5.5　**図 Ans.31** が解答例です. 加減算カウンタ CNTR を用いた場合, 入力数が設定値を超えるとオートリセットされます. よって設定値を #2 にしておけば, 0 回目, 1 回目, 2 回目, 3 回目と押されたときにリセットがかかり, カウント数は 0 に戻り, カウンタの a 接点が ON となります.

なお, 0.01 で減算, 0.02 で強制リセットが可能です. また, オートリセットしないタイプのカウンタを使っても構築は可能です.

図 Ans.32 は, 0.00 が, 3 回押されたときの状態です. カウンタが設定値を超えたので, C0003 が ON となり, タイマ 0003 を起動します.

このタイマはオンディレイタイマなので, 設定した 1 秒間は T0003 の b 接点が閉じたままです. よって, 100.03 に接続されたランプが 1 秒間だけ点灯し, 1 秒後には T0003 の b 接点が開くので切断されることになります.

同様に, 5 倍を数えるほうも, カウンタの設定値を #4 にしておけば, 後は同じ回路となります.

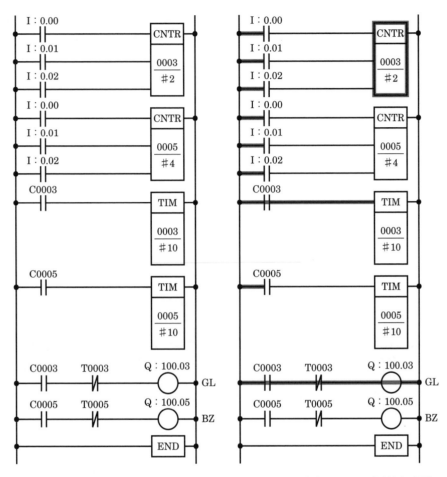

図 Ans.31 章末問題 5.5 の解答例　　**図 Ans.32** 章末問題 5.5 の解答例の解説

問 5.6 **図 Ans.33** が解答例です．

以下にその解説をまとめます．

図 Ans.34 で，(a) は初期状態です．

次に，(b) のように，押しボタン 0.00 を押すと，内部リレー W0.00 が自己保持します．またその下の W0.01 も自己保持して，3 秒のタイマ TIM 0000 を起動します．CNTR 0000 は押された数が 1 回目なのでカウント数 1 を記憶します．W0.00 が自己保持されたので，100.00 が点灯します．

この状態を 3 秒間待機して，二度目の押しボタンが押されなければ，T0000 の b 接点で W0.01 が解除され，(c) の状態（ランプが点灯し続ける状態）になります．

この後，押しボタン 0.00 を押すと，もう一度，(b) の状態になり，CNTR 0000 はカウント数 1 を記憶します．

TIM 0000 が 3 秒計っている間に，もう一度，押しボタン 0.00 を押すと，CNTR 0000 はカウント数 2 となり，設定値 #1 を超えたので，C0000 の a 接点が閉じます．

これにより，(d) の状態に入り，W0.02 が自己保持されて，TIM 0003 が 6 秒を数えている間，TIM 0001 と TIM 0002 によってフリッカー動作が行われ，100.00 が点滅します．

なお，この間，CNTR 0000 は TIM 0000 の 3 秒経過によりリセットされています．

そして，6 秒間に押しボタンが押されなければ，T0003 の a 接点により CNTR 0001 がリセットされ，b 接点により W0.02 が自己保持解除されます．一方，6 秒数えている間に，押しボタンが押されれば，CNTR 0001 がカウント数 2 となり，設定値 #1 を超えたので，C0001 の b 接点が開き，W0.00 の自己保持が解除されて (a) の初期状態に戻ります．

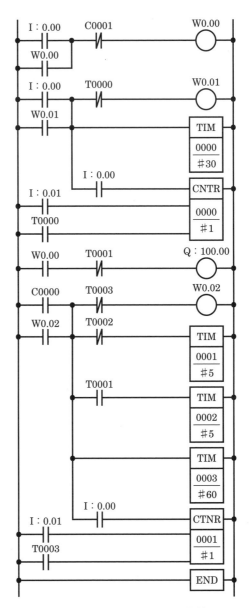

図 Ans.33 章末問題 5.6 の解答例

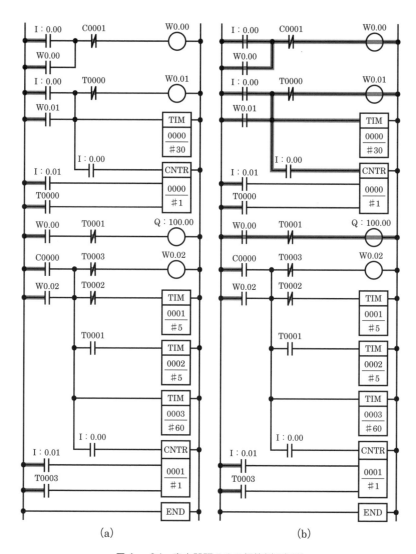

図 Ans.34 章末問題 5.6 の解答例の解説

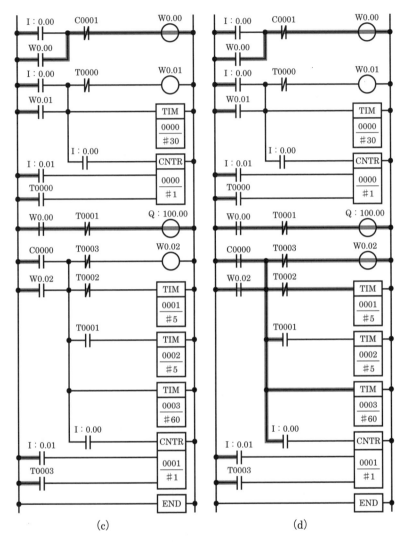

図 Ans.34 章末問題 5.6 の解答例の解説（つづき）

参考文献

〔シーケンス制御の本〕
・藤瀧和弘 著，高山ヤマ 作画，トレンド・プロ 制作：マンガでわかるシーケンス制御，オーム社（2008）
・石橋正基 監修：カラー徹底図解 基本からわかるシーケンス制御，ナツメ社（2018）
・上 泰，堀 桂太郎 共著：図解シーケンス制御実習：ゼロからわかる自動制御，森北出版（2011）
・藤瀧和弘 著：図解入門よくわかるシーケンス制御の基本と仕組み，秀和システム（2004）
・武永行正 著：これだけ！シーケンス制御，秀和システム（2014）
・大浜庄司 著：完全図解シーケンス制御のすべて，オーム社（2019）
・米田 完，中嶋秀朗，並木明夫 共著：はじめてのメカトロニクス実践設計，講談社（2011）

〔制御工学の導入のための本〕
・示村悦二郎 著：自動制御とは何か，コロナ社（1990）
・木村英紀 著：制御工学の考え方，講談社（2002）
・大須賀公一，足立修一 共著：システム制御工学シリーズ1　システム制御へのアプローチ，コロナ社（1999）

〔フィードバック制御の本〕
・佐藤和也，平元和彦，平田研二 共著：はじめての制御工学（改訂第2版），講談社（2018）
・川田昌克 著：MATLAB/Simulink による制御工学入門，森北出版（2020）
・豊橋技術科学大学・高等専門学校制御工学教育連携プロジェクト 編：専門基礎ライブラリー 制御工学-技術者のための，理論・設計から実装まで-，実教出版（2012）
・南 裕樹 著：Python による制御工学入門，オーム社（2019）

Memo

索 引

〈著者略歴〉

南　裕樹（みなみ　ゆうき）

大阪大学 大学院工学研究科 機械工学専攻 准教授
博士（情報学）
舞鶴工業高等専門学校 電子制御工学科 卒業
京都大学 大学院情報学研究科 博士後期課程修了

石川　一平（いしかわ　いっぺい）

舞鶴工業高等専門学校 電子制御工学科 准教授
博士（工学）
舞鶴工業高等専門学校 機械工学科 卒業
大阪大学 大学院工学研究科 博士後期課程修了

マンガ制作　株式会社トレンド・プロ　 *TREND-PRO*

　　　　　　マンガに関わるあらゆる制作物の企画・制作・編集を行う，1988 年
　　　　　　創業のプロダクション．日本最大級の実績を誇る．
　　　　　　https://ad-manga.com/
　　　　　　東京都港区西新橋 1-6-21　NBF 虎ノ門ビル 9F
　　　　　　TEL：03-3519-6769　FAX：03-3519-6110

シ ナ リ オ　井上 いろは
ネ ー ム　晃 幹人
作　　画　渡辺 悠
マンガDTP　石田 毅
デ ザ イ ン　永井 貴

- 本書の内容に関する質問は，オーム社ホームページの「サポート」から，「お問合せ」の「書籍に関するお問合せ」をご参照いただくか，または書状にてオーム社編集局宛にお願いします．お受けできる質問は本書で紹介した内容に限らせていただきます．なお，電話での質問にはお答えできませんので，あらかじめご了承ください．
- 万一，落丁・乱丁の場合は，送料当社負担でお取替えいたします．当社販売課宛にお送りください．
- 本書の一部の複写複製を希望される場合は，本書扉裏を参照してください．

やさしくわかる
シーケンス制御

2020 年 6 月 20 日　　第 1 版第 1 刷発行

著　者　南　裕樹・石川一平
マンガ制作　トレンド・プロ
発行者　村上和夫
発行所　株式会社 オーム社
　　　　郵便番号　101-8460
　　　　東京都千代田区神田錦町 3-1
　　　　電話　03(3233)0641(代表)
　　　　URL　https://www.ohmsha.co.jp/

© 南 裕樹・石川一平・トレンド・プロ 2020

組版 新生社　印刷 美研プリンティング　製本 協栄製本
ISBN978-4-274-22529-1　Printed in Japan

本書の感想募集　https://www.ohmsha.co.jp/kansou/

本書をお読みになった感想を上記サイトまでお寄せください．
お寄せいただいた方には，抽選でプレゼントを差し上げます．

回路シミュレータ
LTspice で学ぶ
電子回路 第3版

● 渋谷 道雄 著

B5 変判・512 頁
定価(本体 3700 円【税別】)

◆LTspice を使って電子回路を学ぼう！

　本書は LTspice（フリーの回路シミュレータ）を使って電子回路を学ぶものです。

　単なる操作マニュアルにとどまらず、電子回路の基本についても解説します。回路の実例としては、スイッチング電源、オペアンプなどを取り上げています。

　開発元のリニアテクノロジーがアナログ・デバイセズ（ADI）に買収され、業界での利用率が上がっています。また、買収後 ADI の回路モデルが大量に追加され、より利便性が増しています。

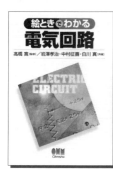